Mathematisches Unterrichtswerk
für Hauptschulen

8

Mathe aktiv

Herausgegeben von
Prof. Dr. Eugen Bauhoff
Prof. Dr. Alexander Wynands

Für bayerische Hauptschulen bearbeitet von
Alois Amann, Pettendorf
Prof. Dr. Eugen Bauhoff, Kronshagen
Pia Böheim, Nürnberg
Dr. Karl Heinz Franke, Bad Windsheim
Gerhard Graefe, Fürth
Prof. Dr. Alexander Wynands, Königswinter

Schroedel

Mathematisches Unterrichtswerk für Hauptschulen

Mathe aktiv

8. Schuljahr

Für bayerische Hauptschulen bearbeitet von
Alois Amann, Pettendorf; Prof. Dr. Eugen Bauhoff, Kronshagen;
Pia Böheim, Nürnberg; Dr. Karl Heinz Franke, Bad Windsheim;
Gerhard Graefe, Fürth; Prof. Dr. Alexander Wynands, Königswinter
sowie
Klaus Michael Heinisch, Elisabeth Hirschnagl-Pöllmann, Dr. Isolde Kinski,
Dr. Norbert Malmendier, Herbert Murmann, Angelika Spielmann
in Zusammenarbeit mit der Verlagsredaktion

Beratend wirkte bei dieser Ausgabe mit:
Prof. Dr. Michael Neubrand

Hinweise:

Aufgaben mit einer roten Aufgabennummer haben einen höheren Schwierigkeitsgrad.

Aufgaben zum Weiterlernen im binnendifferenzierenden Unterricht sind durch einen grauen Balken gekennzeichnet.

Zu Aufgaben mit einem blauen Dreieck vor der Aufgabennummer finden sich die Lösungen unten auf der jeweiligen Seite.

Ein Kapitel endet in der Regel mit einer Doppelseite *Rückblick/Durchblick*. Auf den *Rückblick*-Seiten werden die Inhalte des jeweiligen Kapitels zusammenfassend wiederholt. Auf den *Durchblick*-Seiten finden sich Aufgaben zur Wiederholung weiter zurückliegender Lerninhalte, zur Vernetzung verschiedener Stoffgebiete und komplexere Aufgaben. Die Lösungen zu den Aufgaben auf diesen Seiten sind am Ende des Buches angegeben.

Die Seiten *Grundwissen* am Ende des Buches können als Mathematik-Lexikon genutzt werden.

Zum Lehrgang des 8. Schuljahres sind lieferbar:
Schülerband 44058, Lehrerband (mit Lösungen) 44068

ISBN 3-507-44058-X

© 2005 Bildungshaus Schulbuchverlage
Westermann Schroedel Diesterweg Schöningh Winklers GmbH,
Braunschweig
www.schroedel.de

Auf verschiedenen Seiten dieses Buches befinden sich Verweise (Links) auf Internet-Adressen.
Haftungshinweis: Trotz sorgfältiger inhaltlicher Kontrolle wird die Haftung für die Inhalte der externen Seiten ausgeschlossen. Für den Inhalt dieser externen Seiten sind ausschließlich deren Betreiber verantwortlich. Sollten Sie bei dem angegebenen Inhalt des Anbieters dieser Seite auf kostenpflichtige, illegale oder anstößige Inhalte treffen, so bedauern wir dies ausdrücklich und bitten Sie, uns umgehend per E-Mail davon in Kenntnis zu setzen, damit beim Nachdruck der Verweis gelöscht wird.

Druck A [1] / Jahr 2005

Alle Drucke der Serie A sind im Unterricht parallel verwendbar.

Satz: DTP Heimservice Gundolf Porr, 76726 Germersheim
Druck: westermann druck GmbH, Braunschweig

Bildquellenverzeichnis

Umschlagfoto: Haustür, Geschäftshaus in Wismar, R. Grossmann – Helga Lade Fotoagentur, Frankfurt/Main;

Dieter Rixe, Braunschweig: Seite 32, 33, 35 (Fenster), 37 (Teppich, Käse), 42, 46, 47, 50, 54, 68, 84, 88, 90, 108, 117;

Seite 4: ZDF SPORTextra, Fußball-Länderspiel: Deutschland–Spanien (16.08.00 in Hannover), Wolf-Dieter Poschmann (li.) und Rudi Völler, DFB-Teamchef (re.), ZDF/Wolfgang Lehmann, Hamburg; Seite 17: Weinkeller Italien, picture-alliance/dpa, Frankfurt (Main); Seite 18: Tetraeder, Stadt Bottrop, Foto: Monika Knorr; Seite 22: Andreas Brandt, Rot und Schwarz überkreuzt, Foto: Klaus Frankenberg; Seite 31: Michael Fabian, Hannover; Seite 35: Bewässerungsanlagen für Getreideanbau, Kalifornien, Mauritius – Westlight, Mittenwald; Vollmond, Astrofoto, Sörth; Seite 37: Riesenrad, Bildagentur-online, A. Bartel, Burgkunstadt; Schiffsschaukel, Bavaria-Müller-Güll, Gauting; Kugelstoßen, Ralf Bartels, Athen 2004, ddp Deutscher Depeschendienst GmbH, Berlin, Andreas Rentz; CD, Michael Wojczak, Rethen; Seite 59: Blutspende, DRK Hannover; Seite 60: Motorsegler im Steigflug, Grob-Werke, Mindelheim; Seite 69: Stau auf der A 565 bei Bonn-Hardtberg, Max Malsch; Seite 71: Deutsche Bahn AG, Berlin; Seite 82: Messeturm mit Messehalle 1, Frankfurt/Main, Mauritius – Witzgall, Mittenwald; Seite 98: Eisberge, Disko Bay, Grönland, Mauritius – ACE, Mittenwald; Seite 123: Deutsche Zeppelin Reederei, Friedrichshafen.

Trotz entsprechender Bemühungen ist es nicht in allen Fällen gelungen, den Rechtsinhaber ausfindig zu machen. Gegen Nachweis der Rechte zahlt der Verlag für die Abdruckerlaubnis die gesetzlich geschuldete Vergütung.

Illustrationen: Dietmar Griese; Eva M. Möhle-Hulvershorn
Technische Zeichnungen: Michael Wojczak

1. Zahlen und Größen

1. Ab 1. April 2005 betragen die Fernsehgebühren 17,03 € pro Monat. Vorher waren sie 0,88 € niedriger. Durch die Erhöhung nehmen die öffentlich-rechtlichen Sender ARD und ZDF jährlich 35 Millionen Euro mehr ein.

2. Die öffentlich-rechtlichen Sender haben für die Übertragungsrechte der 24 wichtigsten Spiele der Fußballweltmeisterschaft 2002 ca. 86 Mio. € bezahlt.

1. Die Produktion einer Unterhaltungssendung für das Fernsehen kostet 5 500 € pro Sendeminute. Berechne die Kosten für eine Produktion von
    a) 30 Minuten,   b) 1 Stunde 15 Minuten,   c) $1\frac{1}{2}$ Stunden.

2. Große Zahlen können auf verschiedene Arten angegeben werden:

Millionen	Tausender	Einer		in Dreiergruppen		in Kurzform		mit Komma
1	3 0 0	0 0 0		1 3 0 0 0 0 0		1 Mio. 300 Tsd.		1,3 Mio.

Schreibe in Dreiergruppen und mit Komma.
    a) 376 Mio. 700 Tsd.   b) 4 Mio. 250 Tsd.   c) 13 Mio. 600 Tsd.
       16 Mio. 100 Tsd.   1 Mio. 60 Tsd.   2 Mrd. 50 Mio.
       22 Mrd. 400 Mio.   3 Mrd. 900 Mio.   3 Mio. 50 Tsd.
       34 Mrd. 900 Mio.   8 Mio. 90 Tsd.   7 Mrd. 700 Mio.

3. Ordne die Zahlen der Größe nach, die kleinste zuerst. Schreibe sie vorher so auf, dass du diese Aufgabe leicht lösen kannst. Wie gehst du vor?
    a) A = 11,3 Mio.   b) A = 185 Mio. 546   c) A = 5476129856
       B = 1764356   B = 1855460000   B = 7,4 Mio.
       C = 0,01 Mrd.   C = 1184539781   C = 7 Mio. 40 Tsd.

4. Runde die Zahlen   a) auf Millionen,   b) auf Tausender,   c) auf Hunderter.

45 763 629	18 867 143	8 914 517 465	700 934 504	56 755 596

5. Das Piktogramm zeigt die Zuschauerzahlen verschiedener Fernsehsendungen.
    a) Gib an, wie viele Personen ungefähr die einzelnen Sendungen gesehen haben.
    b) Im Piktogramm sind nur gerundete Angaben dargestellt. Wie viele Zuschauer können die Sendungen höchstens (mindestens) gesehen haben?

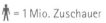

🕴 = 1 Mio. Zuschauer

6. Hier sind die Zuschauerzahlen weiterer Sendungen. Runde und zeichne wie in Aufgabe 5.

Tagesschau	9,3 Mio.	RTL-Aktuell	4,8 Mio.
Life - Dumm gelaufen	6,5 Mio.	Doktor Schiwago	4,3 Mio.
Flubber	6,4 Mio.	Die Pannen-Show	3,6 Mio.
Die Männer vom K3	5,2 Mio.	James Bond 007	3,4 Mio.

7. Hier sind weitere Zuschauerzahlen. Stimmt der Vergleich? Berichtige, wenn nötig.

A = 199 484	B = 408 092	C = 2 005 368	D = 4 048 268	E = 10 001 476

    a) A ist etwa halb so groß wie B.   e) D ist ungefähr fünfmal so groß wie C.
    b) D ist ewa 100-mal so groß wie B.   f) E ist etwa 50-mal so groß wie A.
    c) C ist gut 100-mal so groß wie A.   g) E ist knapp 50-mal so groß wie C.
    d) C ist knapp fünfmal so groß wie B.   h) D ist etwa 20-mal so groß wie A.

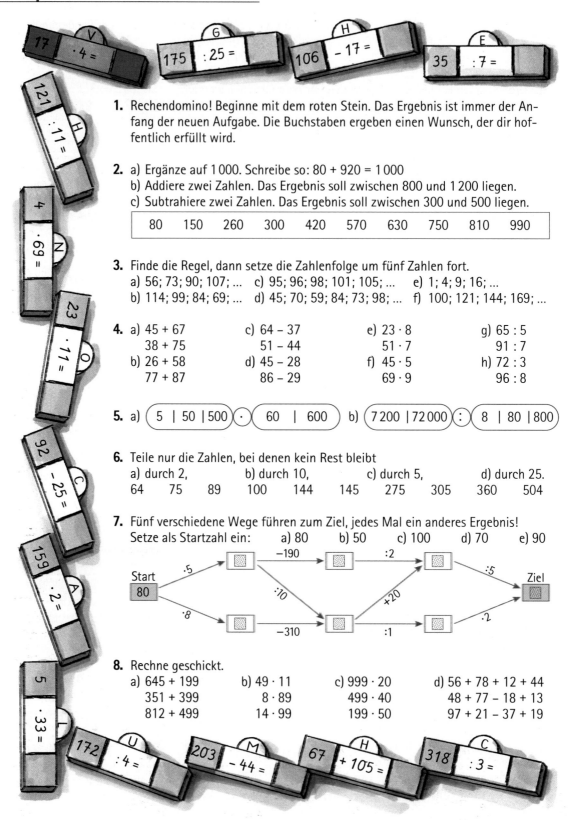

17 · 4 = ⟨V⟩

175 : 25 = ⟨G⟩

106 – 17 = ⟨H⟩

35 : 7 = ⟨E⟩

121 : 11 = ⟨H⟩

4 · 69 = ⟨N⟩

23 · 11 = ⟨O⟩

92 – 25 = ⟨C⟩

159 · 2 = ⟨A⟩

5 · 33 = ⟨L⟩

1. Rechendomino! Beginne mit dem roten Stein. Das Ergebnis ist immer der Anfang der neuen Aufgabe. Die Buchstaben ergeben einen Wunsch, der dir hoffentlich erfüllt wird.

2. a) Ergänze auf 1 000. Schreibe so: 80 + 920 = 1 000
b) Addiere zwei Zahlen. Das Ergebnis soll zwischen 800 und 1 200 liegen.
c) Subtrahiere zwei Zahlen. Das Ergebnis soll zwischen 300 und 500 liegen.

80	150	260	300	420	570	630	750	810	990

3. Finde die Regel, dann setze die Zahlenfolge um fünf Zahlen fort.
a) 56; 73; 90; 107; ...   c) 95; 96; 98; 101; 105; ...   e) 1; 4; 9; 16; ...
b) 114; 99; 84; 69; ...   d) 45; 70; 59; 84; 73; 98; ...   f) 100; 121; 144; 169; ...

4. a) 45 + 67   c) 64 – 37   e) 23 · 8   g) 65 : 5
   38 + 75   51 – 44   51 · 7   91 : 7
b) 26 + 58   d) 45 – 28   f) 45 · 5   h) 72 : 3
   77 + 87   86 – 29   69 · 9   96 : 8

5. a) (5 | 50 | 500) · (60 | 600)   b) (7 200 | 72 000) : (8 | 80 | 800)

6. Teile nur die Zahlen, bei denen kein Rest bleibt
a) durch 2,   b) durch 10,   c) durch 5,   d) durch 25.
64   75   89   100   144   145   275   305   360   504

7. Fünf verschiedene Wege führen zum Ziel, jedes Mal ein anderes Ergebnis!
Setze als Startzahl ein: a) 80   b) 50   c) 100   d) 70   e) 90

Start 80   ·5   –190   :2   :5   Ziel
           ·10   +20
           ·8   –310   :1   ·2

8. Rechne geschickt.
a) 645 + 199   b) 49 · 11   c) 999 · 20   d) 56 + 78 + 12 + 44
   351 + 399   8 · 89   499 · 40   48 + 77 – 18 + 13
   812 + 499   14 · 99   199 · 50   97 + 21 – 37 + 19

172 : 4 = ⟨U⟩

203 – 44 = ⟨M⟩

67 + 105 = ⟨H⟩

318 : 3 = ⟨C⟩

1. Rechne und vergleiche die Ergebnisse. Kannst du noch eine Reihe bilden?

a)

	42 : 6	
420 : 6	420 : 60	
4 200 : 6	4 200 : 60	4 200 : 600

b)

	96 : 8	
960 : 8	960 : 80	
9 600 : 8	9 600 : 80	9 600 : 800

2. Bilde selbst eine Pyramide. Oberster Stein:
    a) 72 : 8   b) 28 : 4   c) 63 : 3   d) 60 : 4   e) 60 : 12

3. Hier sind Steine aus der untersten Schicht. Baue die Pyramide und rechne.
    a) 2 700 : 30   b) 2 400 : 200   c) 6 000 : 50   d) 4 800 : 120

4. Hexenkessel! Finde zu jedem Ergebnis die passende Aufgabe.

5. Was in Klammern steht, wird zuerst gerechnet. Punktrechnung geht vor
Strichrechnung. Vergleiche die Ergebnisse. Welche Ergebnisse sind gleich?

a) 60 · 50 − 20
   60 · (50 − 20)
   (60 · 50) − 20
   50 · 60 − 20

b) 75 : 15 + 10
   75 : (15 + 10)
   (75 : 15) + 10
   75 : (10 + 15)

c) 24 + 60 : 12
   24 + (60 : 12)
   (24 + 60) : 12
   (60 + 24) : 12

6. a) (40 + 20) · (30 + 50)
     (40 + 20) · 30 + 50
     40 + 20 · (30 + 50)
     40 + 20 · 30 + 50

b) (120 + 60) : (12 + 18)
   (120 + 60) : 12 + 18
   120 + 60 : (12 + 18)
   120 + 60 : 12 + 18

c) (135 − 45) : (15 − 6)
   (135 − 45) : 15 − 6
   135 − 45 : (15 − 6)
   135 − 45 : 15 − 6

7. a) Wie viel Euro sind
es zusammen?
10 €, 4,50 €,
100 Cent, 250 Cent

b) Wie viel Meter
bleiben übrig, wenn
du alle Längen von
100 m subtrahierst?
50 m, 5 m, 500 cm,
5 000 mm.

c) Multipliziere mit 8:
2 t, 50 kg, 2 000 g.
Wie viel Tonnen
sind es zusammen?

1. In jedem Päckchen ist ein Ergebnis falsch. Prüfe durch Überschlag. Berichtige.

a) 473 + 296 = 769
609 + 573 = 1182
899 + 122 = 1121
987 + 654 = 1641

b) 613 − 385 = 228
909 − 616 = 293
812 − 678 = 134
723 − 589 = 244

c) 273 · 59 = 16107
456 · 23 = 7488
507 · 43 = 21801
622 · 68 = 42296

d) 3175 : 5 = 635
2420 : 4 = 605
3856 : 8 = 482
6923 : 7 = 889

2. a) Addiere die markierten Zahlen.
b) Wähle drei andere Zahlen: eine in jeder Zeile und in jeder Spalte. Addiere die drei Zahlen. Was fällt dir auf?
c) Es gibt sechs Möglichkeiten, drei Zahlen so auszuwählen. Findest du sie alle? Erhältst du immer dieselbe Summe?
d) Addiere die Zahlen in jeder Spalte (in jeder Zeile), dann addiere die drei Ergebnisse. Teile das Endergebnis durch 3. Du erhältst eine Zahl, die du schon kennst.

11555	15498	12350
12139	16082	12934
13080	17023	13875

3. Rechne mit zwei Zahlen. Überschlage vorher.
a) Addiere. Das Ergebnis soll zwischen 65000 und 80000 (85000 und 100000) liegen.

6745   9623   11078   24865   54734   63265   78452   93512

b) Subtrahiere. Das Ergebnis soll zwischen 15000 und 20000 (über 50000) liegen.

20651   36234   55555   56237   63825   75488   81236   93456

c) Dividiere. Das Ergebnis soll zwischen 1000 und 4000 (über 5000) liegen.

102375   87750   49725   39975   25   15   13   3

4.

+11254   :250   :123   :12
·14   :305
·25   START   ZIEL   −841865   ·340   :80
8475

▲ 5. Im Kopf oder schriftlich?

a) 999 + 3500
456 + 2908
b) 555 + 3333
399 + 2601

c) 1293 − 788
2000 − 950
d) 8888 − 808
1023 − 983

e) 350 · 217
600 · 999
f) 539 · 603
150 · 201

g) 8476 : 13
4500 : 15
h) 5120 : 80
2575 : 25

i) 5050 : 25
6045 : 15
j) 3672 : 12
8888 : 11

6. Addiere die Ergebnisse in einem Päckchen. Erhältst du als Summe immer 1500?

a) (12305 − 956 − 1240) : 11
(17006 − 423 − 2058) : 25
b) (44923 − 666 − 6807) : 70
(59123 − 895 − 9978) : 50

c) 245 · 368 − 802908 : 9
308 · 461 − 848616 : 6
d) 590 · 172 − 705873 : 7
490 · 105 − 354137 : 7

1. Punktrechnung geht vor Strichrechnung.
2. Was in Klammern steht, wird zuerst gerechnet.

7. Das Produkt der beiden Ergebnisse ist immer 2400. Rechne und prüfe nach.

a) 672 : 7
475 : 19
b) 2550 : 17
1280 : 80
c) 1760 : 11
4515 : 301
d) 1575 : 21
1760 : 55
e) 28800 : 60
4995 : 999

8. Multipliziere die Summe aus 72 und 19 mit 11. Dann multipliziere das Ergebnis mit 123.

▲   40   64   103   202   300   306   403   505   652   808   1050   3000   3364   3888   4499
8080   30150   75950   325017   599400

1. a) 2,34 + 3,8   c) 5,3 – 2,342   e) 3,7 + 1,143
        0,87 + 7,4   7,4 – 5,171   9,4 + 3,016
        9,09 + 4,6   8,2 – 4,025   6,5 + 6,107
   b) 10,22 + 3,5   d) 10,4 – 9,713   f) 14,6 – 3,413
      21,46 + 6,1   21,5 – 8,888   17,1 – 9,029
      18,53 + 9,3   14,1 – 7,169   21,3 – 7,603

2. Im Kopf oder schriftlich?
   a) (1,7 | 5,4 | 0,8) + (0,9 | 1,4 | 3,6)   b) (6,8 | 4,5 | 3,4) – (0,7 | 1,2 | 2,5)

3. Gib die fehlenden Werte an (Maße in Zentimetern). Berechne auch den Umfang.

a)   b)   c)

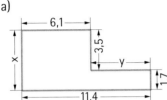   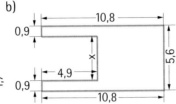   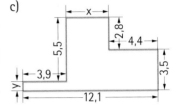

4. Rechne im Kopf. Gib die fehlenden Längen in Metern und auch in Zentimetern an.
   a) 0,4 m + ▦ = 2 m   b) 2,3 m + ▦ = 3 m   c) 4,9 m + ▦ = 6 m   d) 5,4 m + ▦ = 8 m
      0,75 m + ▦ = 1 m   0,64 m + ▦ = 2 m   1,87 m + ▦ = 2 m   1,79 m + ▦ = 4 m

5. Schreibe zehn Zahlen auf. Beginne mit 0,79, dann addiere jedes Mal:
   a) 0,02   b) 0,05   c) 0,09   d) 0,1   e) 0,2   f) 0,001   g) 0,005

6. Gib zehn Zahlen an. Beginne mit 2,25, dann subtrahiere jedes Mal die Zahlen aus Aufgabe 5.

7. Finde die Regel. Dann schreibe jeweils fünf weitere Zahlen auf.
   a) 0,4;   1,1;   1,8;   2,5;   ...   c) 8,0;   7,1;   6,2;   5,3;   ...
   b) 0,23;   0,34;   0,45;   0,56;   ...   d) 1,65;   1,54;   1,43;   1,32;   ...

8. a) (0,7 | 0,07 | 0,77) + (2,5 | 2,05 | 0,25)   b) (44,4 | 4,44 | 4,04) – (1,2 | 1,02 | 0,12)

9. Ergänze so viele Nullen, dass beide Zahlen gleich viele Stellen nach dem Komma haben. Gib das
   Ergebnis in Kilogramm und auch in Gramm an.
   a) 6,203 kg – 1,9 kg   b) 12,3 kg – 3,85 kg   c) 12 kg – 9,17 kg   d) 2 kg – 1,598 kg
      3,057 kg – 2,8 kg   20,9 kg – 9,26 kg   25 kg – 8,92 kg   8 kg – 2,041 kg

▲ **10.** Überschlage mit ganzen Zahlen. Dann schreibe richtig untereinander und rechne.
   a) 45,03 + 125,005 + 2,4 + 203 + 24,75   c) 3,017 + 31 + 12,6 + 3,14 + 0,753
   b) 37,24 + 101,384 + 2,2 + 342 + 18,06   d) 4,135 + 16 + 22,5 + 7,09 + 1,307

11. Die Ziffernfolge im Ergebnis stimmt. Überschlage und setze das Komma an die richtige Stelle.
   a) 87,7 + 12,6 = 10030   b) 17,6 – 7,8 = 98000   c) 125,115 + 75,985 = 20110
      65,25 + 34,74 = 99990   206,83 – 197,4 = 94300   18 764 – 18 743,89 = 20110
      7,876 + 2,193 = 10069   1 508,6 – 1 498,72 = 98800   3,892 – 1,881 = 20110

▲ 50,51   51,032   400,185   500,884

Multiplizieren und Dividieren von Dezimalbrüchen

Schriftliches Multiplizieren von Dezimalbrüchen:	$5{,}37 \cdot 4{,}8$	$0{,}076 \cdot 2{,}9$
Rechne wie mit natürlichen Zahlen. Das Ergebnis hat so	21 48	152
viele Stellen hinter dem Komma wie die beiden Zahlen	4 29 6	68 4
zusammen.	25,77 6	0,220 4

1. a) $5{,}29 \cdot 2{,}8$ b) $3{,}6 \cdot 0{,}47$ c) $0{,}083 \cdot 6{,}7$ d) $2{,}61 \cdot 3{,}83$ e) $0{,}009 \cdot 1{,}5$

2. Kontrolliere die erste Aufgabe. Rechne die anderen Aufgaben im Kopf.

a) $257 \cdot 32 = 8\,224$
   $25{,}7 \cdot 3{,}2 = \blacksquare$
   $2{,}57 \cdot 3{,}2 = \blacksquare$

b) $30{,}8 \cdot 56 = 1\,724{,}8$
   $3{,}08 \cdot 5{,}6 = \blacksquare$
   $308 \cdot 5{,}6 = \blacksquare$

c) $178 \cdot 21{,}4 = 3\,809{,}2$
   $17{,}8 \cdot 2{,}14 = \blacksquare$
   $1{,}78 \cdot 21{,}4 = \blacksquare$

3. In jedem Päckchen ist ein Ergebnis falsch. Prüfe durch Überschlag. Berichtige.

a) $17{,}89 \cdot 4{,}1 = 73{,}349$
   $2{,}607 \cdot 5{,}3 = 13{,}8171$
   $5{,}625 \cdot 5{,}4 = 3{,}0375$

b) $8{,}9 \cdot 3{,}45 = 30{,}705$
   $2{,}8 \cdot 0{,}87 = 24{,}36$
   $6{,}04 \cdot 1{,}09 = 6{,}5836$

c) $9{,}08 \cdot 6{,}025 = 54{,}707$
   $29{,}2 \cdot 0{,}888 = 25{,}9296$
   $10{,}5 \cdot 1{,}45 = 152{,}225$

4. Setze als Startzahlen ein: a) $6{,}7$; b) $3{,}14$; c) $8{,}037$. Was stellst du fest?

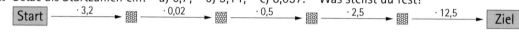

Dividieren durch einen Dezimalbruch:	Aufgabe: $11{,}64 : 2{,}4 = 4{,}85$
Vor der Rechnung:	Rechnung: $116{,}4 : 24 = 4{,}85$
Verschiebe das Komma in beiden Zahlen so weit	96
nach rechts, bis der Teiler eine natürliche Zahl ist.	20 4
	19 2
Bei der Rechnung:	1 20
Beim Überschreiten des Kommas setze im Ergebnis	1 20
das Komma.	0

5. Verschiebe zuerst das Komma, dann rechne im Kopf. Beispiel: $1{,}2 : 0{,}3 = 12 : 3 = 4$

a) $1{,}2 : 0{,}3$
  $1{,}2 : 0{,}03$
  $12 : 0{,}3$

b) $3{,}5 : 0{,}5$
  $3{,}5 : 0{,}05$
  $35 : 0{,}5$

c) $4{,}8 : 0{,}6$
  $4{,}8 : 0{,}06$
  $48 : 0{,}6$

d) $7{,}2 : 0{,}9$
  $7{,}2 : 0{,}09$
  $72 : 0{,}9$

e) $8{,}8 : 1{,}1$
  $8{,}8 : 0{,}11$
  $88 : 1{,}1$

▲ **6.** Rechne auf drei Stellen nach dem Komma, dann runde auf Hundertstel.

a) $4{,}12 : 3$
  $7{,}56 : 5$

b) $3{,}26 : 11$
  $5{,}09 : 13$

c) $6{,}77 : 0{,}8$
  $8{,}21 : 0{,}6$

d) $6{,}55 : 1{,}8$
  $7{,}27 : 1{,}5$

$4{,}12 : 3 = 1{,}373$
$\underline{3}$ $\approx 1{,}37$
11
$\underline{9}$
22
$\underline{21}$
10
$\underline{9}$
1

7. Zehn Aufgaben, aber nur vier verschiedene Ergebnisse.

| $30 : 50$ | $12 : 0{,}8$ | $52{,}5 : 1{,}5$ | $0{,}9 : 1{,}5$ | $2{,}7 : 0{,}18$ |
| $42 : 12$ | $14 : 0{,}4$ | $19{,}5 : 1{,}3$ | $4{,}9 : 1{,}4$ | $2{,}1 : 0{,}06$ |

8. Setze als Startzahlen ein: a) $1{,}3$ b) $5{,}15$ c) $0{,}9$. Was stellst du fest?

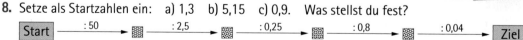

▲ 0,30   0,39   1,37   1,51   3,64   4,85   8,46   13,68

1. Das Ergebnis ist immer der Anfang der nächsten Aufgabe.

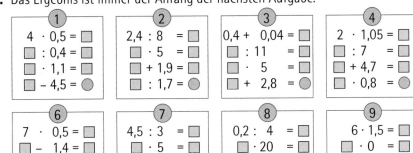

1
4 · 0,5 = ☐
☐ : 0,4 = ☐
☐ · 1,1 = ☐
☐ − 4,5 = ○

2
2,4 : 8 = ☐
☐ · 5 = ☐
☐ + 1,9 = ☐
☐ : 1,7 = ○

3
0,4 + 0,04 = ☐
☐ : 11 = ☐
☐ · 5 = ☐
☐ + 2,8 = ○

4
2 · 1,05 = ☐
☐ : 7 = ☐
☐ + 4,7 = ☐
☐ · 0,8 = ○

5
4 · 0,6 = ☐
☐ + 1,2 = ☐
☐ : 1,8 = ☐
☐ · 2,5 = ○

6
7 · 0,5 = ☐
☐ − 1,4 = ☐
☐ : 7 = ☐
☐ · 20 = ○

7
4,5 : 3 = ☐
☐ · 5 = ☐
☐ − 4 = ☐
☐ : 0,5 = ○

8
0,2 : 4 = ☐
☐ · 20 = ☐
☐ : 0,2 = ☐
☐ · 1,6 = ○

9
6 · 1,5 = ☐
☐ · 0 = ☐
☐ + 1,8 = ☐
☐ : 0,2 = ○

10
7 · 1,4 = ☐
☐ − 7,3 = ☐
☐ : 2 = ☐
☐ · 8 = ○

2.

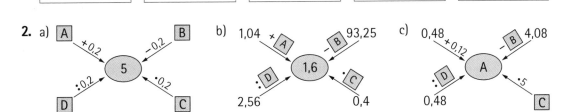

a) A +0,2 → 5 ← −0,2 B ; D :0,2 → 5 ← ·0,2 C

b) 1,04 +A → 1,6 ← −B 93,25 ; 2,56 :D → 1,6 ← ·C 0,4

c) 0,48 +0,12 → A ← −B 4,08 ; 0,48 :D → A ← ·5 C

3. Rechne. Ergänze eine weitere Aufgabe.

a) 32 : 4
3,2 : 4
0,32 : 4

b) 88 : 11
8,8 : 11
0,88 : 11

c) 5 : 2
5 : 0,2
5 : 0,02

d) 80 : 2
8 : 0,2
0,8 : 0,02

e) 450 : 90
45 : 9
4,5 : 0,9

▲ 4.

a) 6,501 : 0,6 − 7,45
(3,18 − 0,27) · 0,15
3,12 − 0,75 · 1,142

b) 40 · (0,48 + 0,12)
(4,37 + 0,83) · 21,5
1,204 + 0,063 · 214,8

c) 34,65 : 1,5 − 15,453
43,75 : (23,35 − 23,3)
26,3 − 14,8 · 0,05

▲ 5. Stelle den Term auf und rechne.

a) Addiere die Summe von 1,23 und 6,54 zur Differenz aus 9,01 und 1,09.
b) Multipliziere die Differenz aus 18,5 und 8,5 mit dem Produkt aus 4,7 und 0,5.
c) Subtrahiere vom Quotienten aus 6,25 und 2,5 die Summe aus 0,85 und 1,07.
d) Subtrahiere die Differenz aus 3,78 und 3,09 vom Produkt aus 2,9 und 0,8.

6. Hexenkessel. Zu jedem Ergebnis gibt es zwei Aufgaben.

a) 4,08 5,76 1,25 2,89   2,67 0,99 1,48 3,82 = 0,26 3,09 1,41

b) 2,25 1,0125 1,3125 11,25 2,7 : 0,875 1,5 0,8 0,3 = 7,5 3,375 1,5

7. Übertrage in dein Heft. Die Summe benachbarter Zahlen steht über den 2 Zahlen.

a)
░		
4,33	░	
0,92	3,41	4,08

b)
7,01		
3,94	░	
2,08	░	░

c)
░		
░	5,27	
1,08	░	2,09

▲ 0,4365 0,58 1,63 2,2635 3,385 7,647 14,7364 15,69 23,5 24 25,56 111,8 875

Brüche

1. Welcher Bruchteil ist gefärbt?

a) b)  c) d) 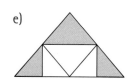 e)

2. Stelle den Bruch als Teil eines Kreises und als Teil eines Rechtecks dar. a) $\frac{5}{8}$ b) $\frac{4}{5}$

3. Gib jeweils einen Bruch für den Anteil an. Kürze, wenn möglich.
a) Anteil der roten Figuren an allen Figuren. Anteil der blauen Figuren an allen Figuren.
b) Anteil der Kreise an allen Figuren. Anteil der Quadrate an allen Figuren.
c) Anteil der roten Quadrate an allen Quadraten. Anteil der roten Quadrate an allen Figuren.

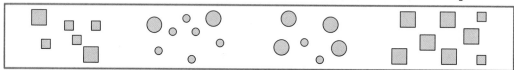

4. a) $\frac{2}{3} = \frac{\blacksquare}{9}$ b) $\frac{2}{8} = \frac{24}{\blacksquare}$ c) $\frac{5}{10} = \frac{\blacksquare}{2}$ d) $\frac{9}{15} = \frac{3}{\blacksquare}$

$\frac{3}{8} = \frac{\blacksquare}{16}$ $\frac{2}{7} = \frac{8}{\blacksquare}$ $\frac{6}{24} = \frac{\blacksquare}{8}$ $\frac{16}{24} = \frac{2}{\blacksquare}$

$\frac{5}{6} = \frac{\blacksquare}{30}$ $\frac{3}{4} = \frac{\blacksquare}{16}$ $\frac{4}{6} = \frac{2}{\blacksquare}$ $\frac{56}{80} = \frac{\blacksquare}{10}$

Erweitern	Kürzen
$\frac{2}{3} = \frac{2 \cdot 2}{3 \cdot 2} = \frac{4}{6}$	$\frac{4}{6} = \frac{4:2}{6:2} = \frac{2}{3}$

5. Kürze so weit wie möglich.
a) $\frac{42}{45}$ $\frac{54}{72}$ $\frac{75}{90}$ $\frac{48}{84}$ $\frac{28}{70}$ b) $\frac{6}{100}$ $\frac{25}{100}$ $\frac{88}{100}$ $\frac{100}{360}$ $\frac{450}{3\,600}$ c) $\frac{480}{600}$ $\frac{104}{180}$ $\frac{200}{360}$ $\frac{975}{1\,000}$ $\frac{840}{1\,260}$

6. Übertrage den Zahlenstrahl in dein Heft. Trage die Brüche ein:
$\frac{1}{4}$ $\frac{1}{2}$ $\frac{3}{4}$ $\frac{1}{8}$ $\frac{3}{8}$ $\frac{1}{3}$ $1\frac{1}{4}$ $1\frac{2}{3}$ $\frac{7}{12}$ $1\frac{3}{4}$

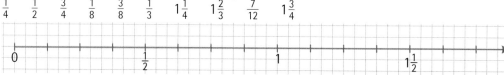

7. Setze ein: <, > oder =. a) $\frac{1}{5}$ ▩ $\frac{2}{5}$ b) $\frac{5}{9}$ ▩ $\frac{5}{7}$ c) $\frac{3}{4}$ ▩ $\frac{4}{5}$ d) $\frac{3}{5}$ ▩ $\frac{5}{7}$ e) $\frac{5}{6}$ ▩ $\frac{3}{4}$

8. Ordne der Größe nach. a) $\frac{3}{5}$ $\frac{1}{5}$ $\frac{7}{15}$ b) $\frac{5}{6}$ $\frac{2}{3}$ $\frac{7}{12}$ c) $\frac{3}{10}$ $\frac{7}{30}$ $\frac{14}{45}$ d) $\frac{7}{12}$ $\frac{13}{24}$ $\frac{25}{48}$

9. Mike und Marcel rechnen lieber mit Dezimalbrüchen. Jeder wählt einen anderen Weg, um
die Brüche umzuwandeln. Erkläre beide Wege.

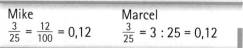

Mike
$\frac{3}{25} = \frac{12}{100} = 0,12$

Marcel
$\frac{3}{25} = 3 : 25 = 0,12$

10. Ordne der Größe nach. a) $\frac{4}{5}$ $\frac{17}{100}$ $\frac{2}{10}$ 0,75 0,5 b) $\frac{14}{100}$ $\frac{6}{25}$ $\frac{7}{10}$ 0,75 0,5

11. Schreibe als Dezimalbruch. Runde auf Hunderstel. Beispiel: $\frac{1}{3} = 1 : 3 = 0,333... \approx 0,33$
a) $\frac{1}{3}$ $1\frac{2}{3}$ $\frac{5}{6}$ b) $4\frac{1}{6}$ $\frac{2}{9}$ $5\frac{4}{9}$ c) $\frac{5}{7}$ $5\frac{5}{12}$ $\frac{7}{13}$ d) $9\frac{8}{17}$ $2\frac{8}{19}$ $2\frac{1}{99}$

> **Addieren und Subtrahieren von Brüchen:**
> Zuerst gleichnamig machen, dann addieren
> oder subtrahieren, den Nenner beibehalten.

$$\frac{2}{3} + \frac{1}{5} = \blacksquare \qquad \frac{2}{3} - \frac{1}{5} = \blacksquare$$
$$\frac{10}{15} + \frac{3}{15} = \frac{13}{15} \qquad \frac{10}{15} - \frac{3}{15} = \frac{7}{15}$$

▲ **1.** Diese Brüche sind schon gleichnamig. Rechne. Kürze das Ergebnis, wenn möglich.

a) $\frac{1}{6} + \frac{2}{6}$ b) $\frac{2}{9} + \frac{4}{9}$ c) $\frac{7}{12} + \frac{2}{12}$ d) $\frac{4}{15} + \frac{6}{15} + \frac{3}{15}$ e) $\frac{5}{16} + \frac{2}{16} + \frac{5}{16}$ f) $\frac{7}{25} + \frac{8}{25} + \frac{5}{25}$

$\frac{5}{6} - \frac{2}{6}$ $\frac{7}{8} - \frac{2}{8}$ $\frac{9}{5} - \frac{7}{5}$ $\frac{8}{4} - \frac{3}{4} - \frac{3}{4}$ $\frac{21}{24} - \frac{7}{24} - \frac{10}{24}$ $\frac{26}{27} - \frac{12}{27} - \frac{5}{27}$

▲ **2.** Mache die Brüche zuerst gleichnamig, dann rechne.

a) $\frac{1}{4} + \frac{1}{2}$ b) $\frac{2}{5} + \frac{1}{4}$ c) $\frac{3}{4} + \frac{1}{6}$ d) $\frac{4}{5} + \frac{3}{10} + \frac{3}{20}$ e) $\frac{3}{4} + \frac{5}{6} + \frac{7}{8}$ f) $\frac{3}{4} + \frac{4}{5} + \frac{5}{6}$

$\frac{3}{8} - \frac{1}{4}$ $\frac{7}{8} - \frac{5}{6}$ $\frac{5}{6} - \frac{3}{5}$ $\frac{7}{8} - \frac{1}{4} - \frac{1}{16}$ $\frac{9}{10} - \frac{1}{3} - \frac{2}{5}$ $\frac{3}{4} - \frac{1}{2} - \frac{1}{7}$

3. a) $3\frac{4}{5} + 2\frac{3}{5}$ b) $2\frac{1}{7} + 1\frac{1}{7}$ c) $1\frac{2}{3} + 4\frac{1}{3}$ d) $1\frac{1}{6} + 2\frac{5}{6}$

$3\frac{3}{4} - 2\frac{1}{4}$ $4\frac{5}{8} - 3\frac{1}{8}$ $7\frac{2}{3} - 2\frac{1}{3}$ $1\frac{3}{4} - 1\frac{1}{4}$

Zuerst die ganzen Zahlen

4. a) $2\frac{5}{6} + 1\frac{1}{12}$ b) $1\frac{1}{3} + 2\frac{5}{6}$ c) $2\frac{4}{5} + 1\frac{3}{4}$ d) $1\frac{1}{2} + 3\frac{2}{3}$

5. Rechne wie im Beispiel.

a) $2\frac{2}{5} - 1\frac{3}{10}$ b) $5\frac{5}{8} - 3\frac{1}{4}$ c) $1\frac{3}{8} - 1\frac{1}{8}$ d) $2\frac{2}{7} - 2\frac{2}{8}$

6. a) $4\frac{1}{4} - 1\frac{3}{4}$ b) $3\frac{1}{2} - 1\frac{7}{8}$ c) $4\frac{5}{6} - 2\frac{5}{7}$ d) $3\frac{1}{11} - \frac{1}{10}$

$3\frac{1}{3} - 1\frac{1}{2}$ $4\frac{2}{3} - 3\frac{3}{4}$ $2\frac{3}{8} - 1\frac{3}{7}$ $2\frac{5}{13} - \frac{1}{2}$

$$2\frac{2}{5} - 1\frac{3}{10} = 1\frac{2}{5} - \frac{3}{10}$$
$$= \frac{7}{5} - \frac{3}{10}$$
$$= \frac{14}{10} - \frac{3}{10}$$
$$= \frac{11}{10}$$
$$= 1\frac{1}{10}$$

7. a) $\frac{1}{2} + \frac{1}{4} + \blacksquare = 1$ c) $\frac{4}{9} + \frac{1}{6} + \blacksquare = 1$ e) $\frac{3}{8} - \frac{3}{10} + \blacksquare = 1$

b) $\frac{5}{8} + \frac{1}{16} + \blacksquare = 1$ d) $\frac{2}{3} - \frac{1}{4} + \blacksquare = 1$ f) $1\frac{4}{5} - \frac{9}{7} + \blacksquare = 1$

8. Schreibe das Ergebnis als Bruch oder als Dezimalbruch.

a) $0,2 + \frac{1}{5}$ b) $1,5 + 2\frac{1}{2}$ c) $\frac{3}{4} + 1,9$ d) $\frac{1}{5} - 0,2$ e) $2\frac{1}{2} - 1,5$ f) $1,9 - \frac{3}{4}$

$0,3 + \frac{1}{4}$ $\frac{1}{10} + 0,25$ $\frac{1}{8} + 0,005$ $0,3 - \frac{1}{4}$ $0,25 - \frac{1}{10}$ $\frac{1}{8} - 0,005$

9. Drei Lottospieler teilen sich einen Gewinn von 15 000 €. Der erste erhält die Hälfte, der zweite ein Drittel. Welchen Anteil erhält der dritte? Wie viel Geld bekommt jeder?

10. Johanna verschenkt alle ihre Sammelkarten an ihre drei Geschwister. Konstantin bekommt ein Viertel der Karten, Viktoria ein Drittel.
a) Welchen Anteil bekommt Sophia?
b) Johanna hatte genau 180 Sammelkarten. Wie viele Karten hat jedes der drei Geschwister geschenkt bekommen?

▲ $\frac{1}{24}$ $\frac{3}{28}$ $\frac{1}{8}$ $\frac{1}{6}$ $\frac{1}{6}$ $\frac{7}{30}$ $\frac{1}{3}$ $\frac{2}{5}$ $\frac{1}{2}$ $\frac{1}{2}$ $\frac{1}{2}$ $\frac{9}{16}$ $\frac{5}{8}$ $\frac{13}{20}$ $\frac{2}{3}$ $\frac{3}{4}$ $\frac{3}{4}$ $\frac{3}{4}$ $\frac{4}{5}$ $\frac{13}{15}$ $\frac{11}{12}$ $1\frac{1}{4}$ $2\frac{23}{60}$ $2\frac{11}{24}$

Multiplizieren von Brüchen

> **Multiplizieren von Brüchen:**
> Zähler mal Zähler, Nenner mal Nenner.
> Vor dem Ausrechnen kürzen.
> $$\frac{3}{4} \cdot \frac{2}{7} = \frac{3 \cdot \overset{1}{\cancel{2}}}{_2\cancel{4} \cdot 7} = \frac{3}{14}$$

1. Berechne. Kürze, falls möglich, vor dem Ausrechnen.

a) $\frac{2}{3} \cdot \frac{6}{5}$ $\frac{3}{4} \cdot \frac{2}{7}$ $\frac{5}{9} \cdot \frac{1}{7}$ b) $\frac{9}{10} \cdot \frac{15}{18}$ $\frac{7}{8} \cdot \frac{4}{14}$ $\frac{3}{7} \cdot \frac{3}{4}$ c) $\frac{5}{14} \cdot \frac{21}{25}$ $\frac{5}{7} \cdot \frac{35}{40}$ $\frac{6}{21} \cdot \frac{28}{33}$

2. a) $\frac{4}{5} \cdot \frac{3}{8}$ b) $\frac{2}{7} \cdot \frac{3}{5}$ c) $\frac{9}{15} \cdot \frac{2}{4}$ d) $\frac{6}{7} \cdot \frac{3}{8}$ e) $\frac{3}{7} \cdot \frac{3}{4}$ f) $\frac{12}{15} \cdot \frac{5}{6}$ g) $\frac{6}{10} \cdot \frac{3}{5}$ h) $\frac{3}{8} \cdot \frac{4}{6}$

$\frac{3}{4} \cdot \frac{6}{9}$ $\frac{2}{5} \cdot \frac{10}{12}$ $\frac{4}{7} \cdot \frac{14}{16}$ $\frac{3}{8} \cdot \frac{4}{9}$ $\frac{2}{5} \cdot \frac{5}{12}$ $\frac{3}{8} \cdot \frac{2}{3}$ $\frac{7}{8} \cdot \frac{12}{14}$ $\frac{6}{11} \cdot \frac{22}{12}$

▲ **3.** a) $7 \cdot 3\frac{1}{2}$ $15 \cdot 1\frac{3}{5}$ $14 \cdot 1\frac{3}{4}$ b) $4\frac{2}{3} \cdot 6$ $3\frac{4}{5} \cdot 10$ $7\frac{1}{5} \cdot 7$ c) $2\frac{1}{2} \cdot 2\frac{1}{2}$ $4\frac{1}{4} \cdot 3$ $5\frac{2}{5} \cdot \frac{1}{2}$

▲ **4.** a) $\frac{2}{7} \cdot \blacksquare = \frac{6}{7}$ b) $\frac{3}{4} \cdot \blacksquare = \frac{3}{24}$ c) $\frac{4}{5} \cdot \blacksquare = \frac{12}{35}$ d) $\frac{3}{8} \cdot \blacksquare = \frac{9}{8}$ e) $\frac{2}{3} \cdot \blacksquare = \frac{6}{15}$

▲ **5.** Wandle zuerst die Brüche in Dezimalbrüche um.

a) $8 : \frac{1}{2}$ $12 : \frac{3}{4}$ $42 : \frac{3}{4}$ b) $\frac{1}{2} : 4$ $\frac{3}{4} : 6$ $\frac{1}{4} : 5$

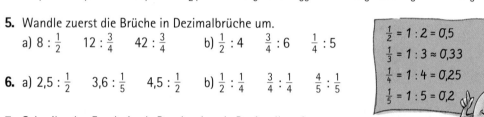

$$\frac{1}{2} = 1 : 2 = 0{,}5$$
$$\frac{1}{3} = 1 : 3 \approx 0{,}33$$
$$\frac{1}{4} = 1 : 4 = 0{,}25$$
$$\frac{1}{5} = 1 : 5 = 0{,}2$$

6. a) $2{,}5 : \frac{1}{2}$ $3{,}6 : \frac{1}{5}$ $4{,}5 : \frac{1}{2}$ b) $\frac{1}{2} : \frac{1}{4}$ $\frac{3}{4} : \frac{1}{4}$ $\frac{4}{5} : \frac{1}{5}$

7. Schreibe das Ergebnis als Bruch oder als Dezimalbruch.

a) $0{,}2 \cdot \frac{1}{5}$ b) $13 \cdot \frac{1}{4}$ c) $1{,}5 \cdot 2\frac{1}{2}$ d) $0{,}2 : \frac{1}{5}$

$\frac{1}{10} \cdot 2{,}5$ $\frac{3}{4} \cdot 1{,}1$ $\frac{1}{8} \cdot 5{,}4$ $\frac{1}{10} : 2{,}5$

8. Berechne das Doppelte und die Hälfte der beiden Zahlen.

a) $\frac{1}{2}$ $\frac{2}{3}$ b) $\frac{6}{7}$ $\frac{7}{9}$ c) $4\frac{2}{5}$ $6\frac{4}{9}$ d) $2\frac{3}{4}$ $3\frac{3}{5}$ e) $3\frac{1}{2}$ $4\frac{1}{5}$

9. Bei einer großen Ferienparty wurde der Saft von zwölf Flaschen zu $\frac{7}{10}$ l getrunken. Wie viele Gläser zu $\frac{1}{5}$ l waren das?

10. Ein Kleinwagen ist $3\frac{1}{2}$ m lang. Auf dem Werksgelände stehen die neuen Modelle Stoßstange an Stoßstange in 52,5 m langen Reihen. Wie viele Kleinwagen stehen in einer Reihe?

11. Der Tank eines Autos fasst 58 l Benzin. Er ist drei Viertel voll. Berechne den Tankinhalt.

12. Ein Tank für Dieselkraftstoff ist zu einem Drittel gefüllt. Es werden 4500 l nachgetankt. Jetzt ist er doppelt so voll wie vorher. Wie viel Liter fasst der Tank?

13. Für eine Theatervorstellung werden 312 Karten verkauft, die Hälfte für 15 €, $\frac{1}{4}$ für 20 €, $\frac{1}{6}$ für 30 € und der Rest für 12 €. Berechne die gesamte Einnahme.

14. Berechne die Differenz aus dem Doppelten und der Hälfte von   a) 1,   b) 0,5,   c) $1\frac{1}{2}$.

▲ $0{,}05$ $0{,}125$ $0{,}125$ $\frac{1}{6}$ $\frac{3}{7}$ $\frac{3}{5}$ $2\frac{7}{10}$ 3 3 $6\frac{1}{4}$ $12\frac{3}{4}$ 16 16 24 $24\frac{1}{2}$ $24\frac{1}{2}$ 28 38 $50\frac{2}{5}$ 56

1. Gib zu jedem Bruch den zugehörigen Dezimalbruch an. Runde auf Tausendstel.

Beispiel: $\frac{1}{3} = 1 : 3 = 0{,}3333... \approx 0{,}333$

a) $\frac{1}{3}$ $\frac{2}{3}$ $\frac{1}{6}$ $\frac{5}{6}$ b) $4\frac{2}{3}$ $5\frac{2}{7}$ $11\frac{1}{11}$ $13\frac{1}{13}$ c) $\frac{1}{9}$ $\frac{2}{9}$ $\frac{5}{9}$ $\frac{7}{9}$ d) $\frac{1}{99}$ $\frac{23}{99}$ $\frac{46}{99}$ $\frac{98}{99}$

2. Ordne der Größe nach, du erhältst ein Lösungswort.

a)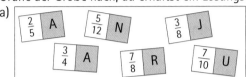

b)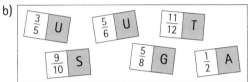

3. a) $\left(1\frac{1}{2} \mid 2\frac{2}{3} \right) + \left(\frac{2}{3} \mid \frac{3}{4} \right)$ b) $\left(3\frac{1}{2} \mid 3\frac{3}{4} \right) - \left(\frac{1}{2} \mid 2\frac{2}{3} \right)$

4. a) $\left(5 \mid \frac{5}{6} \right) \cdot \left(\frac{1}{2} \mid \frac{9}{10} \right)$ b) $\left(1\frac{2}{5} \mid 2\frac{2}{5} \right) \cdot \left(\frac{5}{7} \mid 1\frac{5}{7} \right)$

5. a) $\left(8 \mid \frac{3}{5} \right) : \left(0{,}5 \mid 0{,}4 \right)$ b) $\left(2 \mid \frac{3}{4} \right) : \left(0{,}1 \mid 0{,}25 \right)$

6. a) $\frac{2}{9} \cdot \blacksquare = \frac{8}{9}$ $\frac{2}{9} \cdot \blacksquare = \frac{2}{27}$ b) $\frac{2}{9} \cdot \blacksquare = \frac{4}{27}$ $\blacksquare \cdot \frac{2}{7} = \frac{6}{35}$ c) $3 : \blacksquare = \frac{3}{4}$ $\frac{10}{11} : \blacksquare = \frac{2}{11}$

7. Hexenkessel. Zu jedem Ergebnis gibt es zwei Aufgaben.

a)   b)

▲ **8.** Übertrage die Pyramide in dein Heft. Das Produkt benachbarter Zahlen steht im darüber liegenden Stein. Berechne die fehlenden Werte.

a)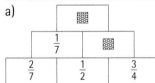

b)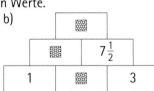

c)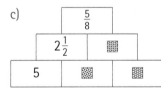

9. Ein Kasten Mineralwasser enthält 20 Flaschen zu je 0,5 *l*. Ein anderer Kasten enthält 12 Flaschen zu je 0,75 *l*. Stelle eine Frage und gib eine Antwort.

10. Jan hat $2\frac{1}{2}$ *l* Saft. Wie viele Becher zu 0,2 *l* kann er damit füllen? Wie viel Saft bleibt übrig?

11. Ein Wasserbecken ist 25 m lang, $12\frac{1}{2}$ m breit und 1,80 m tief. Es ist zu drei Vierteln gefüllt. Wie viel Liter Wasser können noch eingefüllt werden, bis das Becken voll ist?

▲ $\frac{3}{56}$ $\frac{1}{4}$ $\frac{3}{8}$ $\frac{1}{2}$ $\frac{1}{2}$ $2\frac{1}{2}$ $2\frac{1}{2}$ $18\frac{3}{4}$

1. Zeichne auf Karopapier ein Quadrat mit einem Flächeninhalt von 1 dm^2. Zeichne in das Quadrat folgende Flächen und färbe sie.
a) Rechteck: 6 cm^2, 70 mm^2, 15 cm^2
b) Quadrat: 4 cm^2, 400 mm^2, 25 cm^2

$$1 \text{ m}^2 = 100 \text{ dm}^2 \qquad 1 \text{ dm}^2 = 100 \text{ cm}^2 \qquad 1 \text{ cm}^2 = 100 \text{ mm}^2$$
$$1 \text{ km}^2 = 1\,000 \cdot 1\,000 \text{ m}^2 = 1\,000\,000 \text{ m}^2$$

2. Schreibe in der nächstkleineren Maßeinheit.

a)	b)	c)	d)	e)
2,3 m^2	2,12 cm^2	5,8 dm^2	15 km^2	0,012 km^2
4,02 m^2	3,74 cm^2	0,75 dm^2	3,4 km^2	0,005 km^2
0,04 m^2	0,25 cm^2	1,07 dm^2	0,8 km^2	0,867 km^2
15 m^2	7,3 cm^2	0,02 dm^2	12,3 km^2	0,0007 km^2

3. Ordne folgende Flächen der Größe nach. Beginne mit der kleinsten. Als Lösungswort erhältst du eine Stadt in Bayern.

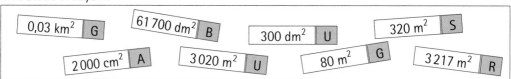

0,03 km^2 G   61 700 dm^2 B   300 dm^2 U   320 m^2 S
2 000 cm^2 A   3 020 m^2 U   80 m^2 G   3 217 m^2 R

4. Schreibe in der nächstgrößeren Maßeinheit.

a)	b)	c)	d)	e)
2 405 cm^2	3 715 mm^2	978 cm^2	22 700 m^2	5 Mio. m^2
1 320 cm^2	10 618 mm^2	17 223 dm^2	189 000 m^2	2 Mrd. m^2

5. Welche Flächen kennst du, die so groß sind wie 1 km^2, 1 m^2, 1 cm^2, 1 mm^2?

6.
a) 50 · 220 mm^2 = ▨ cm^2
   20 · 125 cm^2 = ▨ dm^2
b) 75 · 80 dm^2 = ▨ m^2
   250 · 8 000 cm^2 = ▨ m^2
c) 5 000 · 250 m^2 = ▨ km^2
   6 200 · 5 000 m^2 = ▨ km^2

7.
a) 170 cm^2 = ▨ dm^2
   250 dm^2 = ▨ m^2
b) 0,5 dm^2 = ▨ cm^2
   850 cm^2 = ▨ m^2
c) 17 dm^2 = ▨ m^2
   17 m^2 = ▨ dm^2
d) 2 Mio. m^2 = ▨ km^2
   2,5 km^2 = ▨ m^2

8.
a) 50 dm^2 · ▨ = 1 m^2
   25 dm^2 · ▨ = $\frac{1}{2}$ m^2
   100 dm^2 · ▨ = 0,75 m^2
b) ▨ dm^2 · 100 = 3 m^2
   ▨ dm^2 · 50 = 6 m^2
   ▨ dm^2 · 25 = 1 m^2
c) 1 m^2 : ▨ = 20 dm^2
   2 m^2 : ▨ = 5 dm^2
   4 m^2 : ▨ = 1 dm^2

9.
a) Miss die Länge und die Breite eines DIN-A4-Blattes. Runde auf Millimeter.
b) Wie viel Quadratmeter Flächeninhalt haben 100 DIN-A4-Blätter? Runde auf ganze m^2.
c) Ein DIN-A0-Blatt ist genau 1 m^2 groß. Wie viele DIN-A4-Blätter sind so groß wie ein DIN-A0-Blatt?
d) Ein DIN-A3-Blatt hat die doppelte Fläche eines DIN-A4-Blattes. Wie viele DIN-A3-Blätter benötigst du, um eine Fläche von 1 Quadratmeter auszulegen?

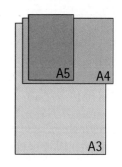

$1\text{ cm}^3 = 1\,000\text{ mm}^3$	$1\text{ dm}^3 = 1\,000\text{ cm}^3$	$1\text{ m}^3 = 1\,000\text{ dm}^3$
$1\text{ cm}^3 = 1\text{ ml}$	$1\text{ dm}^3 = 1\,l$	$1\text{ hl} = 100\,l$

1. Schreibe in der nächstkleineren Maßeinheit.

a) 73 m^3 b) 185 dm^3 c) $0,75\text{ cm}^3$ d) $4,3\text{ m}^3$ e) $0,05\text{ m}^3$

    $3,5\text{ m}^3$ $3,7\text{ dm}^3$ $2,03\text{ cm}^3$ $75,5\text{ dm}^3$ $0,27\text{ cm}^3$

    $0,23\text{ m}^3$ $25,3\text{ dm}^3$ 12 cm^3 $0,3\text{ cm}^3$ $0,12\text{ dm}^3$

2. Schreibe in der nächstgrößeren Maßeinheit.

a) $7\,200\text{ mm}^3$ b) $543,2\text{ cm}^3$ c) $6\,594\text{ dm}^3$ d) $7\,254\text{ dm}^3$ e) 99 ml

    840 mm^3 $2\,884\text{ cm}^3$ $6\,463\text{ dm}^3$ 13 cm^3 $25\,l$

3. Ordne der Größe nach, beginne mit dem größten Volumen. Als Lösungswort erhältst du eine Stadt in Bayern.

$330\,l$ **H** 500 ml **M** 800 cm^3 **I** $0,52\text{ m}^3$ **E** $\frac{1}{2}\text{ m}^3$ **N**

$3\,400\text{ dm}^3$ **O** $620\,l$ **S** $0,017\text{ m}^3$ **E** 153 hl **R**

4. Wandle um in die angegebene Maßeinheit.

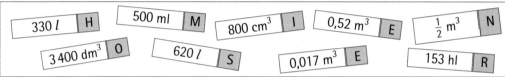

a) in Milliliter: $\frac{1}{2}\,l$ $3\,l$ $0,2\,l$ 31 cm^3 5 dm^3

b) in Liter: $\frac{1}{2}\text{ hl}$ $0,7\text{ hl}$ $20,1\text{ hl}$ 23 dm^3 $7\,000\text{ ml}$

c) in Hektoliter: $200\,l$ $720\,l$ $31\,l$ $3\,l$ 500 dm^3

d) in Kubikzentimeter: 520 ml 22 ml 7 ml $3\,l$ $0,7\text{ dm}^3$

$1\,l = 1\,000\text{ ml}$

5. Wandle um in die angegebene Maßeinheit:

a) $17\,l = \boxed{}\text{ dm}^3$ b) $37\text{ m}^3 = \boxed{}\text{ hl}$ c) $0,08\text{ hl} = \boxed{}\,l$ d) $200\text{ dm}^3 = \boxed{}\text{ m}^3$

    $12\text{ dm}^3 = \boxed{}\,l$ $37\text{ hl} = \boxed{}\text{ m}^3$ $80\,l = \boxed{}\text{ hl}$ $20\text{ m}^3 = \boxed{}\text{ dm}^3$

6. a) $200 \cdot 125\text{ dm}^3 = \boxed{}\text{ m}^3$ b) $20 \cdot 200\text{ cm}^3 = \boxed{}\text{ dm}^3$ c) $50 \cdot 20\text{ dm}^3 = \boxed{}\text{ hl}$

      $50 \cdot 20\text{ mm}^3 = \boxed{}\text{ cm}^3$ $200 \cdot 75\,l = \boxed{}\text{ hl}$ $25 \cdot 40\text{ cm}^3 = \boxed{}\,l$

▲ **7.** a) $50\text{ cm}^3 \cdot \boxed{} = 1\text{ dm}^3$ b) $200\,l \cdot \boxed{} = 4\text{ hl}$ c) $5\text{ mm}^3 \cdot \boxed{} = 2\text{ cm}^3$

      $100\text{ dm}^3 \cdot \boxed{} = 5\text{ m}^3$ $25\text{ ml} \cdot \boxed{} = 1\,l$ $50\text{ ml} \cdot \boxed{} = 2\,l$

8. Ein Weinfass enthält 8 hl Wein.

a) Wie viele 0,75-l-Flaschen können damit abgefüllt werden?

b) Der Winzer füllt drei Fässer mit jeweils 8 hl in Flaschen ab und verpackt jeweils 12 Flaschen in einen Karton. Wie viele Kartons werden abgepackt?

c) Ein Restaurant bestellt 15 Kartons mit jeweils 12 Flaschen. Wie viele 0,2-l-Gläser können damit ausgeschenkt werden?

▲   2   20   40   40   50   400

1. In Bottrop steht ein großer Tetraeder auf Betonstützen. Er ist vom Boden bis zur Spitze 58 m hoch. Bis zur oberen Aussichtsplattform, die 20 m unter der Spitze liegt, führt eine Treppe. Jede Stufe ist 19 cm hoch.
a) Wie viele Stufen hat die Treppe?
b) Schätze die Höhe der Betonstützen und des Tetraeders.

2. Der Tetraeder besteht aus großen Dreiecken mit einer Seitenlänge von 60 m.
a) Wie viele große Dreiecke bilden den Tetraeder?
b) Wie viele Kanten hat der Tetraeder?
c) Wie lang sind alle Kanten zusammen?

▲ **3.** Frau Keil hat in ihrem Garten rechteckige Beete angelegt. Jedes Beet ist von einem Zaun umgeben.
a) Das Erdbeerbeet ist 3,5 m lang und 0,7 m breit. Berechne Flächeninhalt und Zaunlänge.
b) Pfefferminzsträucher wachsen auf 3 m Länge und 45 cm Breite. Fläche? Länge des Zauns?
c) Der Zaun um das 8,5 m lange Kartoffelbeet ist 24,2 m lang. Wie breit ist das Beet? Fläche?
d) Das Kohlfeld ist 34,56 m² groß. Es ist 4,8 m breit. Wie lang ist es? Wie lang ist der Zaun?
e) An einer Gartenseite wachsen auf 80 cm Breite Brombeersträucher. Die Fläche ist insgesamt 20 m² groß. Wie lang ist der Streifen?

4. Ein quaderförmiger Wasserbehälter ist 9,5 cm breit, 30 cm lang und 28 cm hoch.
a) Wie viel Liter Wasser passen in den Behälter?
b) Das Wasser steht 11,4 cm hoch. Wie viel Liter passen noch in den Behälter hinein?

5. Ein Getränkewagen hat 68 Kästen Mineralwasser mit je 12 Flaschen zu 0,7 *l* geladen. Eine volle Flasche wiegt 1,650 kg, ein leerer Kasten 2,4 kg.
a) Wie viele Flaschen hat der Wagen geladen?   b) Wie schwer ist die Ladung?

▲ **6.** Frau Jung ist Obsthändlerin. Sie kaufte 75 kg Orangen zu je 55 Cent. Davon faulten 9,5 kg und konnten nicht mehr verkauft werden. Trotzdem erzielte Frau Jung einen Gewinn von 21,63 €.
a) Wie viel Euro hat sie für die Lieferung bezahlt?
b) Wie hoch war der Verkaufspreis für 1 kg Orangen?

▲ **7.** Leyla und Steffen kaufen im Supermarkt ein. Wer muss die schwerere Einkaufstasche tragen? Wie viel Euro zahlt Leyla, wie viel zahlt Steffen?

8. Wie viel Kilogramm Birnen kann Esther für 5 € kaufen? Wie viele Netze mit Maronen?

▲ 0,96   1,35   2,45   3,19   3,6   4,71   6,9   7,2   8,4   24   25   30,6   41,25

① **Geburtstag raten!**
Dein Geburtstag hat eine Tageszahl und eine Monatszahl.
Beispiel: Geburtstag 24. August, Tageszahl 24, Monatszahl 8.

Verschlüsseln

- Hänge an die Tageszahl zwei Nullen und multipliziere diese Zahl mit der Monatszahl.
- Addiere die Monatszahl zu 1 111 und multipliziere die Summe mit der Monatszahl.
- Addiere die beiden Ergebnisse. Dividiere die Summe durch die Monatszahl. Du erhältst die Schlüsselzahl.

Beispiel:	**Entschlüsseln**
$2400 \cdot 8$	Ziehe von der Schlüsselzahl 1 111 ab.
$= 19\,200$	Dann steht der Geburtstag da:
$1119 \cdot 8$	24. 08.
$= 8952$	
$28\,152 : 8$	
$= 3519$	

②

Wenn du es schaffst, von den 36 Münzen so 6 Münzen wegzunehmen, dass in jeder waagerechten und jeder senkrechten Reihe eine gerade Anzahl von Münzen liegen bleibt, dann gehören dir alle Münzen.

③ **Rechenkünstler aufgepasst!**

Siebenmal die 3 und 3 Rechenzeichen ergibt 100.
Wie geht das?

④ a) Wähle eine Zahl zwischen 1 und 9. Multipliziere die Zahl mit 143, das Ergebnis mit 37, das Ergebnis mit 21.

b) Wähle eine Zahl zwischen 10 und 99. Multipliziere die Zahl mit 137, das Ergebnis mit 73, das Ergebnis mit 101.

c) Wähle eine Zahl zwischen 100 und 999. Multipliziere die Zahl mit 91, das Ergebnis mit 11.

Da hat sich deine Zahl vermehrt!

1. a) Ordne die Zahlen der Größe nach.   b) Addiere die Zahlen.

1 800 000	1 Mio. 750 Tsd.	1,05 Mrd.	1 Mrd. 800 Mio. 925 Tsd.

2. a) 121 212 – 89 898   b) 1,2 Mio. – 0,5 Mio.   c) 4 004 · 25   d) 11 403 : 21
   695 000 – 96 764   1,6 Mrd. – 842 Mio.   525 Tsd. · 34   4,9 Mrd. : 0,7 Mrd.

3. a) Multipliziere zwei Zahlen. Das Ergebnis soll zwischen 75 000 und 85 000 liegen.
   b) Dividiere. Das Ergebnis soll zwischen 600 und 1 100 liegen.

3	11	15	19	25	3 135	7 425	15 675	27 225

4. a) 15 + 4 · 9   b) 24 – 8 : 4   c) 64 : (8 – 4)   d) 40 : (5 + 3)   e) 60 : (3 · 4)
   (15 + 4) · 9   (24 – 8) : 4   64 : 8 – 4   40 : 5 + 3   (60 : 3) · 4

5. Ordne die Zahlen der Größe nach. Beginne mit der kleinsten Zahl.

a) $\frac{3}{4}$ $\frac{4}{3}$ $\frac{4}{5}$ $\frac{7}{12}$ $\frac{3}{10}$ $\frac{7}{20}$ b) $\frac{3}{8}$ 0,6 $\frac{4}{5}$ 0,625 $\frac{1}{10}$ 0,75

6. a) 2,5 + 3,04   b) 4,2 – 2,85   c) 0,98 – 0,041   d) 2,6 · 3,4   e) 6,25 : 2,5   f) 3,36 : 1,4
   6,24 + 2,42   6,41 – 0,84   0,4 – 0,004   6,8 · 2,25   12,5 : 1,25   18,15 : 3,3

7. a) $\frac{4}{7} + \frac{7}{10}$ b) $\frac{11}{12} - \frac{3}{5}$ c) $4\frac{5}{7} - 1\frac{2}{3}$ d) $\frac{5}{6} \cdot \frac{2}{3}$ e) $2\frac{2}{3} \cdot 1\frac{7}{8}$ f) $2\frac{1}{2} : 0,5$

   $\frac{5}{6} + 1\frac{3}{8}$ $4\frac{3}{4} - \frac{7}{8}$ $3\frac{1}{4} - 2\frac{3}{8}$ $\frac{2}{7} \cdot \frac{3}{4}$ $3\frac{1}{9} \cdot 3\frac{3}{4}$ $6\frac{2}{5} : 0,2$

8. a) 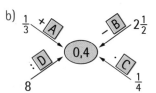   b)   c)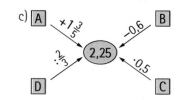

9. a) die Hälfte von 2,5 m   b) $\frac{1}{4}$ von 2 m   c) $\frac{2}{5}$ von 4 kg   d) $\frac{3}{4}$ von 1,5 l e) $\frac{4}{5}$ von 2,5 kg

10. Von $\frac{1}{2}$ kg Kaffee werden 32 Portionen abgewogen. Wie viel Gramm wiegt eine Portion?

11. In Hemer haben am 19. März 2000 sechzig Personen eine Kette aus
   700 000 Büroklammern gebildet.
   a) Wie viele Klammern hat jeder durchschnittlich ineinander gehängt?
   b) Wie lang war die Kette ungefähr? Nutze die Abbildung.

12. Am 22. März 2000 präsentierte Herr Junghans ein 9,03 m langes Streichholz. Wie viel Mal länger ist dieses als ein normales Streichholz?

13. Eine Terrasse ist schon zu $\frac{4}{5}$ mit Platten ausgelegt. Es fehlen noch 15 Platten.
   Wie viele Platten werden insgesamt verlegt?

14. Frank möchte ein Fahrrad für 384 € kaufen. Zwei Drittel des Preises hat er gespart. Er bekommt noch 25 € von seiner Tante. Wie viel fehlt ihm dann noch?

1.

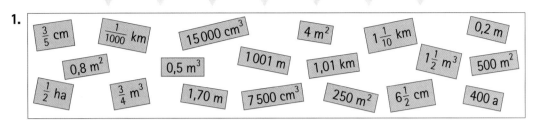

$\frac{3}{5}$ cm $\frac{1}{1000}$ km   15 000 cm³   4 m² $1\frac{1}{10}$ km   0,2 m

0,8 m²   0,5 m³   1 001 m   1,01 km $1\frac{1}{2}$ m³   500 m²

$\frac{1}{2}$ ha $\frac{3}{4}$ m³   1,70 m   7 500 cm³   250 m² $6\frac{1}{2}$ cm   400 a

a) Schreibe die Längen-, Flächen- und Volumenmaße heraus. Ordne sie jeweils der Größe nach. Beginne mit dem kleinsten Wert.

b) Bestimme von den Flächenmaßen jeweils 1 %. Schreibe in der nächstkleineren Maßeinheit.

2. Zeichne   a) ein Rechteck   b) ein Dreieck mit dem Flächeninhalt 20 cm². Färbe davon 25 %.

3. Skizziere einen Würfel und einen Quader mit einem Volumen von 64 cm³. Gib die Maße an.

4. a) Die Seitenlänge des Quadrats beträgt immer 4 cm. Berechne die blaue Fläche.

b) Welcher Bruchteil der Fläche des Quadrats ist blau? Schreibe auch in Prozent.

c) Welche Figuren sind achsensymmetrisch, welche punktsymmetrisch?

①   ②   ③   ④   ⑤   ⑥

5. Zeichne ein Dreieck mit den Seiten b = 6 cm, c = 6 cm und dem Winkel α = 90°.

a) Was für ein Dreieck erhältst du? Berechne die Dreiecksfläche.

b) Teile die Seite c in sechs gleiche Teilstrecken. Verbinde die Punkte mit dem Punkt C. Du erhältst sechs Teildreiecke. Welchen Flächeninhalt hat jedes Teildreieck?

c) Färbe $\frac{1}{3}$ der Fläche des Dreiecks ABC.

Fernsehen

6. Auf dem Bildschirm erscheinen pro Sekunde 25 Bilder. Jedes Bild setzt sich aus 625 Zeilen zusammen, jede Zeile aus 700 Punktmustern. Ein Punktmuster besteht aus einem roten, grünen und blauen Farbleuchtpunkt.

a) Aus wie vielen Punktmustern besteht ein Bild?

b) Wie viele Farbleuchtpunkte bilden ein Bild?

c) Wie viele Farbleuchtpunkte werden für 25 Bilder pro Sekunde gesendet? Gib das Ergebnis in Mio. an.

d) Wie viele Bilder müssen für einen Film von 90 Minuten Dauer gesendet werden?

7. Als Größe eines Bildschirms wird häufig die Länge der Diagonale der Fernsehröhre angegeben. Bei vielen Geräten beträgt die Höhe $\frac{3}{4}$ der Breite.

a) Rechne mit einer Breite von 50 cm. Berechne die Höhe und die Fläche des Bildschirms.

b) Verkleinere die Maße auf 10 %. Zeichne das Rechteck. Miss in deiner Zeichnung die Länge der Diagonalen. Wie lang ist die Diagonale des Bildschirms? Runde auf Zentimeter.

c) Ein anderer Bildschirm ist 50 % breiter und 50 % höher. Um wie viel Prozent ist die Fläche dieses Bildschirms größer als die Fläche des Bildschirms in Aufgabe a)?

2. Geometrische Flächen und geometrisches Zeichnen

Dominik betrachtet das Bild „Schwarz und Rot, überkreuzt" von Andreas Brandt.

1. Beschreibe das Bild. Wie verlaufen die Linien? Welche Figuren siehst du?

2. Zeichne ein ähnliches Bild mit zwei Farben.

1. Aus einem DIN-A4-Blatt kannst du durch Falten Muster mit parallelen Linien herstellen.
a) Falte ein DIN-A4-Blatt wie in der Anleitung. Beachte, dass du das Blatt vor dem nächsten Schritt manchmal wieder ganz auffalten musst.
b) Zeichne die Faltlinien mit Bleistift nach. Zeige zueinander parallele Faltlinien.

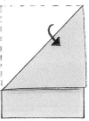 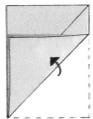 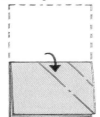 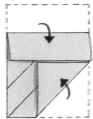 

2. Wenn du richtig gefaltet hast, sind 2 Parallelogramme, 3 Trapeze und 4 rechtwinklige Dreiecke entstanden. Arbeite mit Farbe und gestalte ein eigenes Bild.

3. Stelle aus einem DIN-A4-Blatt andere Muster durch Falten her. Zeige zueinander parallele und zueinander senkrechte Linien. Sind besondere Dreiecke oder Vierecke zu sehen?

4. Falte ein Blatt Papier dreimal. Es sollen nur gleich große Winkel entstehen.
a) Wie groß sind die entstandenen Winkel?   b) Wie viele Winkel sind entstanden?

5. a) Falte ein Blatt Papier wieder dreimal. Es sollen nur Winkel in zwei verschiedenen Größen entstehen.
b) Kannst du ein Blatt Papier auch so falten, dass nur spitze Winkel entstehen?

6. Muster aus zueinander parallelen und zueinander senkrechten Linien kannst du mit dem Geodreieck zeichnen. Zeichne ähnliche Muster in dein Heft. Färbe die Muster.

a) 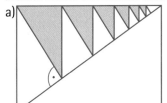 b) 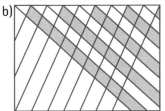 c)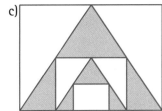

7. a) Zeichne ein Quadrat mit der Seitenlänge 7 cm in dein Heft. Dann zeichne das Muster.
b) Gib drei Beispiele für zueinander parallele und drei Beispiele für zueinander senkrechte Linien an.
c) Die Punkte A, F, C, H sind Eckpunkte eines Parallelogramms. Notiere weitere Parallelogramme.
d) Welche besonderen Dreiecke erkennst du?

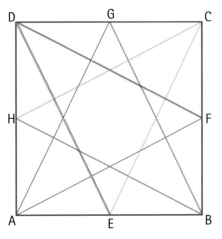

8. a) Zeichne vier parallele Geraden jeweils im Abstand von 3 cm.
b) Zeichne in dein Bild eine weitere Gerade, die alle vier Geraden schneidet, und zu dieser Geraden drei parallele Geraden mit dem Abstand 2 cm. Was für ein Muster entsteht?

1. Zeichne auf ein Blatt Papier eine Gerade. Falte so, dass die Faltlinie die Gerade schneidet und die beiden Teile der Geraden aufeinander liegen. Zeichne die Faltlinie nach. Welche Winkel bildet die Faltlinie mit der Geraden?

2. a) Markiere einen Punkt P auf einer Geraden. Wie musst du falten, damit die Faltlinie durch den Punkt P geht und zu der Geraden senkrecht ist?
   b) Zeichne eine Gerade und markiere einen Punkt P, der nicht auf der Geraden liegt. Wie faltest du eine Linie, die durch den Punkt P geht und zu der Geraden senkrecht ist?

3. a) Ulf will auf dem kürzesten Weg zur Straße g gehen. Geht er nach A, B, C oder D? Begründe.
   b) Wie zeichnet man den kürzesten Weg von einem Punkt P zu einer Geraden g?

4. a) Zeichne eine Gerade g. Wähle zwei Punkte, die nicht auf der Geraden liegen. Zeichne durch jeden Punkt die Senkrechte zu g.
   b) Wähle zwei Punkte auf der Geraden g. Zeichne durch jeden Punkt die Senkrechte zu g.

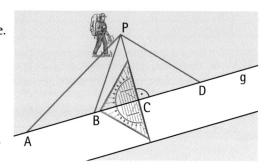

5. Zeichne einen Punkt P und zwei Geraden, die nicht durch den Punkt gehen. Zeichne zu jeder Geraden die Senkrechte durch den Punkt P.

6. Die Bahn möchte möglichst nahe bei Burgdorf eine Haltestelle einrichten. Zwischen dem Dorf und der Bahnstation soll eine geradlinige Straße gebaut werden.
   a) Übertrage den Plan in dein Heft und zeichne den Punkt ein, an dem die Bahnstation eingerichtet werden soll.
   b) Wie lang wird die Straße von Burgdorf bis zur Haltestelle?

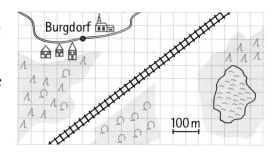

7. Konstruiere die Senkrechte zu g durch den Punkt P. Wo schneidet g die Senkrechte?
   a) Gerade g durch (2|1), (11|10); P(6|13)
   b) Gerade g durch (3|11), (10|4); P(18|8)
   c) Gerade g durch (4|1), (20|9); P(16|17)
   d) Gerade g durch (10|1), (2|17); P(8|5)

8. Lena und Dennis planen ein Geländespiel. Es ist ein Versteck zu finden: Gehe von der Quelle auf kürzestem Wege zur Straße. Von da auf direktem Weg zum Turm befindet sich das Versteck. Es ist vom Ausgangspunkt an der Straße und dem Turm gleich weit entfernt. Wo wird die Straße überquert? Wo ist das Versteck? Übertrage in dein Heft und zeichne.

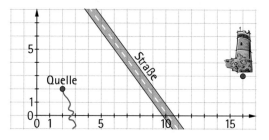

9. Zeichne ein Dreieck ABC mit c = 6 cm, α = 70°, β = 40°. Zeichne mit dem Geodreieck zu jeder Seite die Senkrechte durch die gegenüberliegende Ecke des Dreiecks. Wenn du richtig gezeichnet hast, schneiden sich die drei Senkrechten in einem Punkt.

1. An der Erforschung des Meeres sind mehrere Schiffe beteiligt.
Auf der Karte sind zwei fest verankerte Versorgungsstationen A
und B eingezeichnet. Bei Q, R, S, T und U befinden sich Schiffe.
Zur Versorgung laufen sie die nächstgelegene Versorgungsstation A oder B an.

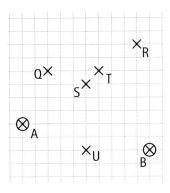

  a) Übertrage die Karte in dein Heft. Stelle fest, welche Versor-
     gungsstation von Punkt Q aus angelaufen wird.
  b) Welche Versorgungsstation läuft ein Schiff an, das sich in ei-
     nem der Punkte R, S oder U befindet?
  c) Von welchem Punkt aus können beide Versorgungsstationen
     angelaufen werden? Begründe.

2. a) Trage in deine Karte weitere Punkte ein, von denen aus beide Versorgungsstationen angelau-
     fen werden können. Verbinde diese Punkte.
  b) Was ist das Besondere an der Verbindungslinie? Wenn du richtig gezeichnet und gemessen
     hast, erhältst du die Mittelsenkrechte der Strecke [AB]. Sie ist zur Strecke [AB] senkrecht und
     geht durch ihren Mittelpunkt. Prüfe nach und begründe.

3. Zeichne eine Strecke [AB] auf ein Blatt Papier. Falte das Blatt so, dass der Punkt A und der Punkt
B aufeinander liegen. Markiere die Faltlinie. Wie verläuft sie zur Geraden AB?

4. a) Zeichne eine 8 cm lange Strecke [AB] und
     ihre Mittelsenkrechte mit dem Geodreieck.
     Zeichne um die Punkte A und B je einen Kreis
     mit dem Radius 5 cm. Was stellst du fest?

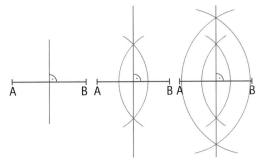

  b) Zeichne um A und B weitere Kreise (Radius:
     5,5 cm, 6 cm, 7,5 cm). Wo schneiden sich die
     Kreise mit dem gleichen Radius?
  c) Erkläre mithilfe der Kreise: alle Punkte, die
     von A und B gleichen Abstand haben, liegen
     auf der Mittelsenkrechten der Strecke [AB].

5. Erkläre, wie du ohne Geodreieck die Mittelsenkrechte einer Strecke [AB] konstruieren kannst. Du
brauchst nur ein Lineal und einen Zirkel.

6. Anna: „Ich kann jede Strecke halbieren ohne zu messen und zu rechnen. Ich konstruiere einfach
die Mittelsenkrechte der Strecke." Zeichne eine Strecke von 7,8 cm Länge und halbiere sie mit
Annas Methode.

7. a) Zeichne einen Kreis. Wähle zwei Punkte A und B auf dem
     Kreis. Zeichne die Mittelsenkrechte der Strecke [AB]. Warum
     geht sie durch den Mittelpunkt des Kreises? Begründe.

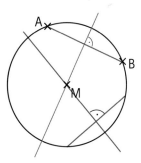

  b) Wähle zwei andere Punkte auf dem Kreis. Zeichne wieder die
     Mittelsenkrechte der Strecke. Wo schneiden sich die beiden
     Mittelsenkrechten?

8. Zeichne mit einer Dose oder einem Wasserglas einen Kreis auf
ein Blatt Papier. Bestimme den Mittelpunkt des Kreises durch
Falten oder durch Zeichnen mit dem Geodreieck.

1. Zum Messen von Winkeln hat das Geodreieck zwei Skalen. Gib die Größe des Winkels an.

a)　　　　　　　　b)　　　　　　　　c)

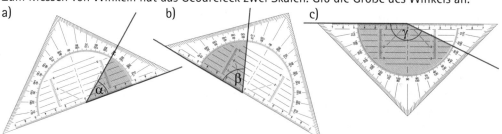

2. Zeichne das Dreieck, dann miss die Winkel im Dreieck. Erhältst du die Winkelsumme 180°?

a) A(3|2)　B(11|3)　C(6|11)　　　　　d) A(1|5)　B(7|3)　C(9|8)

b) A(2|4)　B(14|2)　C(8|12)　　　　　e) A(5|1)　B(12|1)　C(12|6)

c) A(4|2)　B(10|4)　C(8|10)　　　　　f) A(1|4)　B(10|1)　C(12|9)

3. Erkläre, wie man Winkel über 180° (überstumpfe Winkel) misst. Gib die Größe der Winkel an.

a)　　　　　　　　b)　　　　　　　　c)

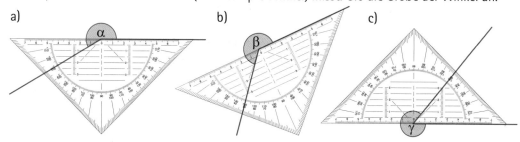

4. Zeichne die Winkel.

a) 160°　125°　138°　179°　　　　b) 225°　185°　265°　285°

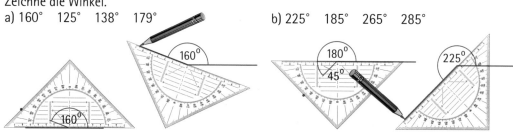

5. Erkläre, wie hier die Winkel gezeichnet werden. Zeichne die Winkel ebenso.

a) 60°　55°　92°　77°　130°　165°　　　b) 200°　215°　245°　292°　325°　340°

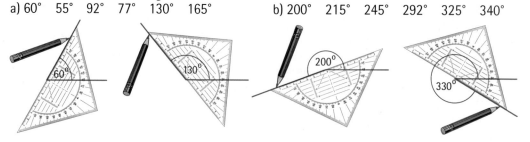

6. Zeichne die Winkel nach Augenmaß, dann prüfe mit dem Geodreieck.

a) 30°　45°　60°　100°　150°　170°　　　b) 200°　225°　250°　280°　310°　350°

7. Nadja und Mirco messen einen Winkel. Nadja misst 213°, Mirco 147°. Kann das sein?

1. Zeichne einen Winkel der Größe 78° auf ein Blatt Papier. Falte das Blatt so, dass beide Schenkel des Winkels aufeinander liegen. Zeichne die Faltlinie nach. Wie verläuft die Faltlinie? Wie groß sind die beiden Winkel?

2. a) Mit dem Geodreieck kannst du leicht einen Winkel halbieren und die Winkelhalbierende zeichnen. Erkläre, dann zeichne und halbiere die Winkel: 70° 80° 35° 145°

   b) Zeichne einen Winkel von 128°. Zeichne seine Winkelhalbierende. Dann zeichne die Winkelhalbierende eines der beiden Teilwinkel. Miss, wie groß die beiden kleinsten erhaltenen Winkel sind. Prüfe durch Rechnung.

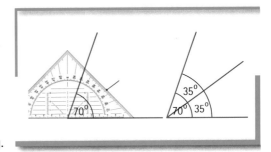

3. a) Zeichne ein gleichschenkliges Dreieck. Zeichne die Mittelsenkrechte der Basis des Dreiecks. Wenn du richtig gezeichnet hast, sind zwei Teildreiecke entstanden.

   b) Miss alle Winkel in den beiden Teildreiecken.

4. In jedem gleichschenkligen Dreieck ist die Mittelsenkrechte der Basis zugleich die Winkelhalbierende des gegenüberliegenden Winkels.

   a) Gibt es ein Dreieck, in dem alle Mittelsenkrechten zugleich Winkelhalbierende sind?

   b) Kannst du ein Dreieck zeichnen, in dem zwei Mittelsenkrechten zugleich Winkelhalbierende sind, die Mittelsenkrechte der dritten Seite aber keine Winkelhalbierende ist?

5. Zeichne ein Dreieck auf ein Blatt Papier und schneide es aus.

   a) Falte die Winkelhalbierende eines der drei Winkel. Zeichne die Faltlinie nach.

   b) Falte auch die Winkelhalbierende der beiden anderen Winkel des Dreiecks. Zeichne die Faltlinien nach. Gehen alle drei Faltlinien durch einen Punkt? Welchen Abstand hat dieser Punkt von den drei Seiten des Dreiecks?

6. Zeichne die Punkte A (1|1), B (8|1) und C (4|6) in ein Koordinatensystem. Verbinde die Punkte zu einem Dreieck ABC. Zeichne die drei Winkelhalbierenden im Dreieck. Gehen alle drei Winkelhalbierenden durch einen Punkt? Miss den Abstand dieses Punktes von allen drei Seiten des Dreiecks. Zeichne einen möglichst großen Kreis im Dreieck ABC.

7. a) Zeichne ein beliebiges Quadrat. Zeichne alle Winkelhalbierenden. Was stellst du fest?

   b) Zeichne in ein nichtquadratisches Rechteck die Winkelhalbierenden. Welche Figur entsteht?

8. Zeichne das Viereck vergrößert auf Papier. Schneide es aus und bestimme durch Falten die Symmetrieachsen. Welche Symmetrieachsen sind Mittelsenkrechten, welche Winkelhalbierende?

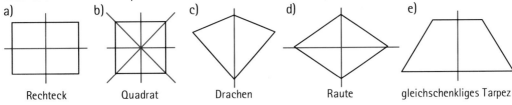

a)	b)	c)	d)	e)
Rechteck	Quadrat	Drachen	Raute	gleichschenkliges Tarpez

9. Zeichne ein Parallelogramm mit vier gleichen Seiten. Suche einen Punkt M, der von allen vier Seiten gleichen Abstand r hat und zeichne den Kreis um M mit dem Radius r.

Quadrat, Rechteck, Parallelogramm und Dreieck

1. Erkläre, wie die Formeln zur Flächenberechnung entstehen.

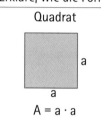
Quadrat
a
a
$A = a \cdot a$

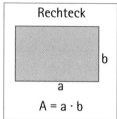
Rechteck
b
a
$A = a \cdot b$

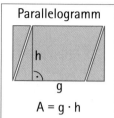
Parallelogramm
h
g
$A = g \cdot h$

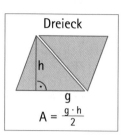
Dreieck
h
g
$A = \frac{g \cdot h}{2}$

2.

Rechteck, A = ▨	Parallelogramm, A = ▨	Dreieck, A = ▨
a) a = 4,5 cm b = 3,5 cm	a) g = 3,7 cm h = 7 cm	a) g = 9,3 cm h = 4,5 cm
b) a = 7,4 cm b = 4,3 cm	b) g = 10 cm h = 45 mm	b) g = 7 cm h = 56 mm

▲ **3.** Bestimme den Flächeninhalt. Gib auch den Umfang an (Maße in Zentimetern).

a)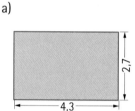
2,7
4,3

b)
2,5
2
3

c)
4,2
3,2
4,7

d)
3,7
2,6
6,4
5,2

4. Zeichne die Figur. Berechne Flächeninhalt und Umfang. Entnimm die Maße deiner Zeichnung.

a)   b)   c)   d)

1 cm

5. Der Schulgarten einer Hauptschule wird neu angelegt.
a) Welche Form hat das Grundstück? Wie viel Quadratmeter groß ist der Schulgarten?
b) Berechne die Flächeninhalte der vier Teilflächen. Vergleiche die Summe mit der Gesamtfläche.
c) Berechne den Umfang der Gesamtfläche.

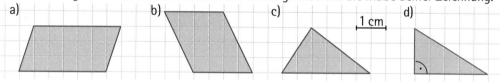
3m 2m 6 m
5m Weg 4 m
3m 2m 6 m

6. Im Ferienpark steht ein „Ganzdachhaus" mit einer dreieckigen Fassade.
a) Wie groß ist die dreieckige Fassadenfläche des Hauses? Die Maße in Metern entnimm der Zeichnung.
b) Berechne den Flächeninhalt der Fenster und der Tür.
c) Du kannst auf zwei Arten berechnen, wie viel Quadratmeter der Fassade mit Holz verkleidet sind. Erkläre. Erhältst du bei beiden Rechenwegen das gleiche Ergebnis?

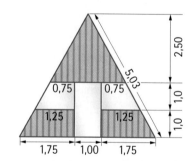
2,50
5,03
0,75 0,75
1,0
1,25 1,25
1,0
1,75 1,00 1,75

7. Zeichne die Fassade. Für 1 m in der Wirklichkeit nimm 1 cm. Welcher Maßstab ist das?

▲   6   8,32   11   11,61   13,44   14   15,3   17,8

28

1. a) Bei einem rechtwinkligen Dreieck gibt es zwei Möglichkeiten für die Berechnung des Flächeninhalts. Erkläre. Welche Möglichkeit findest du einfacher?

b) Berechne den Flächeninhalt des rechtwinkligen Dreiecks auf zwei Arten. Erhältst du jedes Mal das gleiche Ergebnis?

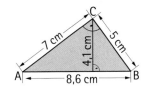

2. Das Dreieck mit den angegebenen Seitenlängen ist rechtwinklig.

a) Konstruiere das Dreieck. Markiere den rechten Winkel. Schreibe die Längen an die Seiten des Dreiecks.

b) Berechne den Flächeninhalt des Dreiecks.

	①	②	③	④
Seite a	6 cm	3 cm	7,5 cm	6 cm
Seite b	8 cm	5 cm	6 cm	2,5 cm
Seite c	10 cm	4 cm	4,5 cm	6,5 cm

3. a) Konstruiere ein Dreieck mit den Seitenlängen 4 cm, 5 cm und 6 cm.

b) Berechne den Flächeninhalt des Dreiecks auf drei Arten. Wähle jedes Mal eine andere Seite als Grundseite. Miss die zugehörige Höhe. Runde die Ergebnisse auf Quadratzentimeter. Vergleiche.

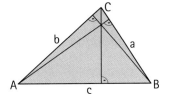

▲ **4.** Der Flächeninhalt der Figur ist gegeben. Berechne die fehlende Größe.

a) b) c) d)

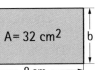 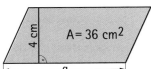 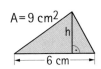

5. Zeichne das Muster. Welche Figuren erkennst du? Bestimme den Flächeninhalt der Teilfiguren. Miss die benötigten Längen in deiner Zeichnung.

a) b) c)

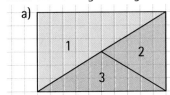 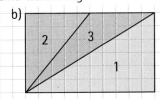 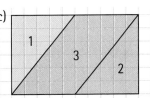

▲ **6.** Zeichne das Vieleck in ein Koordinatensystem (Einheit 1 cm). Ergänze das Vieleck zu einem möglichst kleinen Rechteck. Berechne den Flächeninhalt des Rechtecks und den Flächeninhalt des Vielecks.

a) A (3|3) B (6|0) C (9|4) D (7|8) E (3|8)

b) A (1|4) B (5|1) C (9|1) D (9|5) E (7|8) F (3|8)

c) A (0|0) B (6|2) C (8|0) D (8|5) E (10|8) F (4|9) G (0|9)

7. a) Zeichne die Figur mit den angegebenen Maßen.

b) Bestimme den Flächeninhalt der Figur.

c) Zeichne die Diagonale [AC]. Bestimme den Flächeninhalt der beiden Dreiecke ABC und ACD.

d) Wie lang sind die Seiten eines Quadrats, das denselben Flächeninhalt hat wie die ganze Figur? Zeichne ein solches Quadrat.

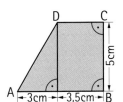

▲ 3 3 4 9 33,5 43 48 56 66 90

1. Zeichne die Figur im Maßstab 1 : 1. Bestimme den Flächeninhalt der Teilfiguren und der Gesamtfigur. Die Maße entnimm deiner Zeichnung. Berechne auch den Umfang der Figur.

a)   b)   1 cm   c)

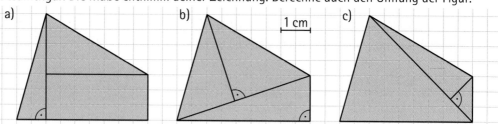

2. Zeichne die Figur aus Aufgabe 1 im Maßstab 2 : 1 in dein Heft. Miss die nötigen Strecken und berechne den Flächeninhalt der Gesamtfigur. Vergleiche mit der ursprünglichen Gesamtfigur.

3. Bestimme den Umfang und den Flächeninhalt des Grundstücks. Der Maßstab beträgt 1 : 1 000.

a)   b)   c)

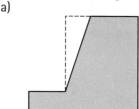 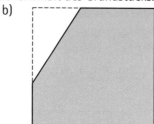 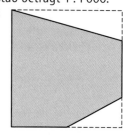

▲ **4.** Berechne den Flächeninhalt der Teilfiguren 1 bis 6 und der Gesamtfigur in mm².

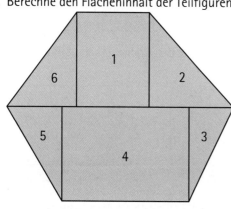 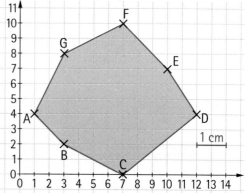

5. Zeichne die im Koordinatensystem dargestellte Figur in dein Heft. Zerlege die Figur in Teilflächen. Berechne die Größe der Teilflächen und der Gesamtfigur in mm².

▲ **6.** Skizziere die Figur. Zerlege sie in Teilflächen. Berechne den Flächeninhalt (Maße in cm).

a)   b)   c)   d)

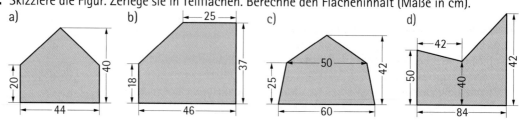

▲   150   187,5   237,5   287,5   500   875   1 320   1 502,5   1 800   2 237,5   4 494

1. a) Übertrage die Vielecke auf Karopapier. Zerlege die Vielecke und berechne den Flächeninhalt.
b) Berechne auch den Umfang. Wie viele Seiten musst du jeweils messen?

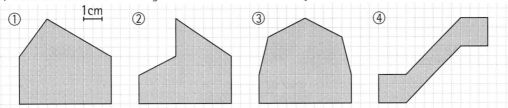

① ② ③ ④ 1cm

▲ **2.** Berechne den Flächeninhalt der Figur (Maße in Zentimetern). Schätze vor dem Rechnen.
a) b) c)

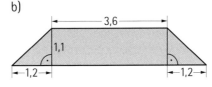

3. Ist der Flächeninhalt ungefähr 500 m², 1 500 m², 2 500 m² groß? Rechne und vergleiche das Ergebnis mit deinem Schätzwert.

a)

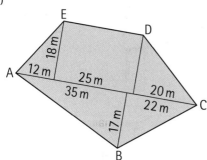

b)

▲ **4.** Der Dachdecker hat einzelne Dachflächen ausgemessen. Berechne die Flächeninhalte der Einzelflächen, deren Maße gegeben sind. Runde auf zehntel Quadratmeter.

5. Das Bild zeigt ein Partyzelt (Maße in Zentimetern).
a) Aus welchen Teilflächen besteht das Zelt?
b) Das Zelt hat keinen Boden. Berechne, wie viel Quadratmeter Zeltplane benötigt werden, um das Zelt zu nähen.
Tipp: Zerlege die Vorder- und die Rückwand in jeweils zwei Flächen, deren Flächeninhalt du berechnen kannst.

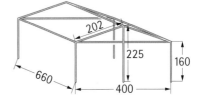

▲   2,73   4,94   5,28   6,5   9,5   11,0

  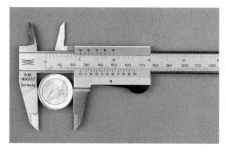

1. Dirk möchte den Durchmesser eines Bierdeckels bestimmen. Er hat sich verschiedene Methoden überlegt. Beschreibe ihre Vorteile und Nachteile. Kennst du noch andere Methoden?

2. In vielen Handwerksberufen verwendet man „Schieblehren".
a) Nenne solche Berufe und beschreibe, wofür die Schieblehre verwendet wird.
b) Wie genau kannst du den Durchmesser der Münze ablesen?

3. Bastle wie in der Bildfolge selbst eine Schieblehre. Miss damit runde Gegenstände.

  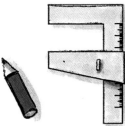 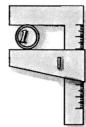

4. Schneide einen Kreis aus Papier aus. Falte ihn so, dass beide Hälften genau aufeinander liegen.
a) Beschreibe, wie die Faltlinie verläuft.
b) Falte den Kreis noch einmal mit einer neuen Faltlinie. Wo schneiden sich die Faltlinien?

5. Hier siehst du ein Gerät, mit dem du Durchmesser zeichnen kannst in Kreise, deren Mittelpunkt nicht bekannt ist. Die rote Linie ist die Winkelhalbierende des rechten Winkels.
a) Muss der Winkel unbedingt rechtwinklig sein?
b) Stelle ein solches Gerät aus Pappe her und zeichne damit Durchmesser in Kreise ein.

6. Zeichne mit runden Gegenständen Kreise. Zeichne in jeden Kreis mehrere Durchmesser ein. Bestimme für jeden Kreis den Radius und den Mittelpunkt.

7. a) Beschreibe verschiedene Methoden, mit denen du den Umfang und den Durchmesser eines Kreises bestimmen kannst.
b) Wie oft passt der Durchmesser eines Kreises etwa in den Umfang?
c) Wie ändert sich der Umfang, wenn du den Durchmesser verdoppelst?

1. a) Rebekka bestimmt den Umfang des Vorder-
  rades. Erkläre, wie sie vorgeht.
  b) Das Vorderrad hat einen Durchmesser von
  65 cm. Für den Umfang des Rades liest Rebekka 2,03 m ab. Wie oft passt der Durchmesser
  in den Umfang? Schätze, dann rechne.

2. Miss den Umfang verschiedener kreisrunder Gegenstände. Berechne jedes Mal, wie oft der
  Durchmesser in den Umfang passt.

3. Dividiere den Umfang des Kreises durch den Durchmesser. Was stellst du fest?

Umfang u	25,1 cm	37,7 cm	64 cm	207 mm	408 mm	10,05 m	9,27 m
Durchmesser d	8 cm	12 cm	20,4 cm	66 mm	130 mm	3,20 m	2,95 m

4. Zeichne ein Quadrat mit der Seitenlänge a = 10 cm in dein Heft.
  Zeichne einen möglichst großen Kreis in das Quadrat. Dann
  zeichne in diesen Kreis ein möglichst großes Quadrat. Miss den
  Umfang der beiden Quadrate. Wie groß ist der Umfang des Kreises ungefähr?

Umfang des Kreises

Umfang = Durchmesser · π

$u = d \cdot \pi$

$u = 2 \cdot r \cdot \pi$

Wir rechnen mit dem
Näherungswert 3,14 für π.

$d = 2 \cdot r$

$d = 5$ cm $\quad u = d \cdot \pi$
$r = 2,5$ cm $\quad 5 \cdot 3,14 = 15,7$

$u = 2 \cdot r \cdot \pi$
$2 \cdot 2,5 \cdot 3,14 = 15,7$
$u \approx 15,7$ cm

---

5. Berechne den Umfang des Kreises. Rechne mit dem üblichen gerundeten Wert von π.*
  a) d = 60 cm b) d = 3,5 cm c) d = 8,4 cm d) r = 2,8 cm e) r = 1,5 cm

▲ **6.** Berechne die fehlenden Größen. Runde (höchstens zwei Stellen nach dem Komma).

	a)	b)	c)	d)	e)	f)
Radius	8 cm	7,2 m	▨	▨	▨	▨
Durchmesser	▨	▨	18 mm	3,6 km	▨	▨
Umfang	▨	▨	▨	▨	6,28 m	4,10 m

▲ **7.** Welchen Durchmesser (Radius) hat ein Kreis mit dem angegebenen Umfang?
  a) u = 62,8 cm b) u = 31,4 cm c) u = 15,7 m d) u = 56,52 dm e) u = 18,84 dm

8. Der Äquator hat eine Länge von ungefähr 40 000 km.
  a) Berechne die ungefähre Länge des Erdradius mit $\pi \approx 3,14$ und mit $\pi \approx 3,142$.
  b) Ein genauerer Wert für den Erdumfang ist 40 075 km. Erdradius? Runde auf km.

* π (lies: pi) ist ein griechischer Buchstabe; er entspricht unserem p. Die Kreiszahl π hat unendlich viele Stellen
  nach dem Komma. Für das Rechnen genügt meist 3,14. Viele Taschenrechner liefern einen genaueren Wert.

▲ 0,65 1 1,31 1,8 2 2,5 3 5 5 6 9 9 10 10 11,30 14,4 16 18
20 45,22 50,24 56,52

Flächeninhalt des Kreises

1. Christopher hat ein Quadrat um einen Kreis gezeichnet und den Flächeninhalt von Quadrat und Kreis verglichen. Dann hat er ein Quadrat in diesen Kreis gezeichnet und wiederum die Flächeninhalte verglichen. Erkläre die Darstellung und übertrage sie in dein Heft. Zeichne mit r = 5 cm.

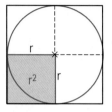

Kreisfläche kleiner als $4 \cdot r^2$ Kreisfläche größer als $2 \cdot r^2$

2. Zeichne einen Kreis, teile ihn in acht Teile. Lege die Teile wie im Bild zusammen. Erkläre die Formel für den Flächeninhalt des Kreises.

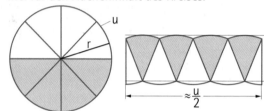

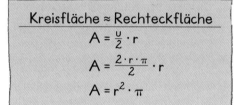

Kreisfläche ≈ Rechteckfläche

$$A = \frac{u}{2} \cdot r$$

$$A = \frac{2 \cdot r \cdot \pi}{2} \cdot r$$

$$A = r^2 \cdot \pi$$

Flächeninhalt des Kreises:

$$A = r^2 \cdot \pi$$

r = 7 cm $A = r^2 \cdot \pi$

$7^2 \cdot 3,14 = 153,86$

$A = $ ▨ cm² $A \approx 154$ cm²

▲ **3.** Berechne den Flächeninhalt des Kreises. Rechne mit π = 3,14. Runde auf eine ganze Zahl.
a) r = 8 cm   b) r = 21 cm   c) r = 40 mm   d) r = 3,5 cm   e) r = 4,5 m

4. Hier wird der Flächeninhalt des Kreises mit dem Taschenrechner bestimmt. Erkläre die Rechenschritte, dann rechne selbst. Runde auf eine Stelle nach dem Komma.

Eingabe	5.4	x^2	×	π	=
Anzeige	5.4^2		×	π	91.6088...

a) r = 5,4 cm   b) r = 78,5 cm   c) r = 15,4 cm   d) r = 20,5 cm   e) r = 15,6 cm

5. Der Durchmesser eines Kreises beträgt 9,4 cm. Berechne den Flächeninhalt und den Umfang des Kreises. Runde auf eine Stelle nach dem Komma.

▲ **6.** Berechne Flächeninhalt und Umfang des Kreises. Runde auf eine Stelle nach dem Komma.
a) d = 5,8 cm   b) d = 7,8 cm   c) d = 10,6 cm   d) d = 9,3 cm   e) d = 4,4 cm

7. Der Umfang eines Kreises beträgt 23,86 m. Berechne seinen Flächeninhalt. Runde auf Zehntel.

8. Berechne die fehlenden Größen des Kreises und den Flächeninhalt. Runde auf eine Stelle nach dem Komma.

	a)	b)	c)	d)	e)	f)	g)	h)
Radius	1,75 cm	▨	▨	3,9 cm	▨	▨	▨	▨
Durchmesser	▨	5,5 cm	2,9 cm	▨	10,5 cm	▨	▨	▨
Umfang	▨	▨	▨	▨	▨	18,2 cm	11 cm	16,5 cm

▲   13,8   15,2   18,2   24,5   26,4   29,2   33,3   38   47,8   64   67,9   88,2   201   1 385   5 024

1. Das linke Foto zeigt eine Bewässerungsanlage in der Wüste. Wie groß ist eine Bewässerungsfläche? Länge eines Bewässerungsarms: a) 150 m   b) 175 m   c) 200 m

2. a) Wie groß ist die Glasfläche des runden Fensters? Der Durchmesser beträgt 75 cm.
   b) Der Fensterrand ist 9 cm breit. Berechne die Fläche der Maueröffnung in Quadratmetern.

3. Der Mond hat einen Durchmesser von etwa 3 500 km.
   a) Wie groß ist die (scheinbar) kreisförmige Vollmondscheibe?
   b) Manchmal siehst du um den Mond herum einen hellen Schein, den Vorhof. Welche Fläche hat dieser Mondring, wenn seine Dicke so groß ist wie der Mondradius?

4. Aus einem kreisförmigen Blech von 50 cm Durchmesser werden zwei gleiche, möglichst große Kreise geschnitten. Berechne den Flächeninhalt der Kreise.

5.

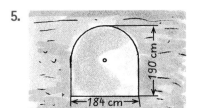 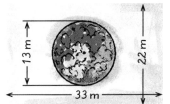 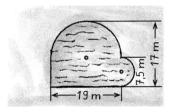

a) Wie groß ist der Querschnitt des Stollens?

b) Wie groß ist die Rasenfläche um das Beet?

c) Wie groß ist die Wasserfläche des Teichs?

6. Ein kreisförmiges Pflaster hat in der Mitte gelbe Steine und im äußeren Kreisring graue Steine.
   a) Wie viel Quadratmeter Pflaster braucht man insgesamt?
   b) Wie viel Quadratmeter gelbe Steine braucht man?
   c) Wie viel Quadratmeter graue Pflastersteine werden benötigt?

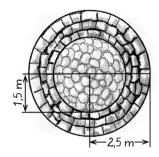

7. Der Durchmesser kreisförmiger Gegenstände (Felgen, Rohre, ...) wird häufig in Zoll angegeben. Wie groß ist der Umfang eines 28 Zoll großen Fahrradreifens? (1 Zoll = 25,4 mm)

8. Um wie viel Prozent ist der Querschnitt eines 5-Zoll-Rohres größer als der eines 3-Zoll-Rohres?

9. Miss den Durchmesser einer 1-€-Münze und einer 2-€-Münze. Berechne den Umfang der Münzen in Millimetern.

1. Vergleiche Flächeninhalt und Umfang der Kreise. Was fällt dir auf?

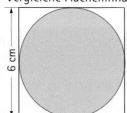 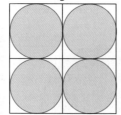 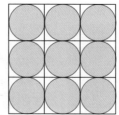 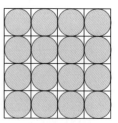

2. Zeichne den Kreisteil in dein Heft. Berechne den Flächeninhalt und den Umfang des Kreisteils.

a)   b)   c)   d)

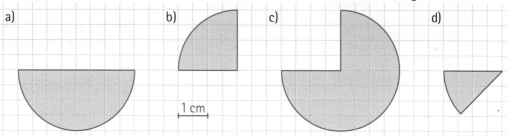

1 cm

▲ **3.** Gib die Größe der blauen Fläche in cm^2 an. Runde auf ganze mm^2.

a)   b)   c)   d)

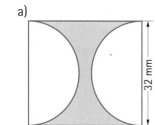 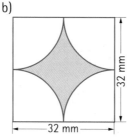 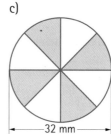 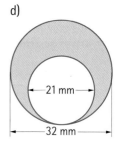

32 mm   36 mm   32 mm   32 mm   32 mm   21 mm   32 mm

4. a) Wie lang ist die blaue Linie, wie lang die rote?
   b) Wie groß ist die blaue Fläche?

①   ②   ③   ④

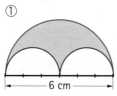 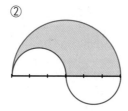 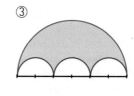 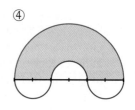

6 cm

5. Berechne die fehlenden Größen des Kreises und den Flächeninhalt. Runde auf eine Stelle nach dem Komma.

	a)	b)	c)	d)	e)	f)	g)
Radius r	5 cm	▨	▨	▨	$1\frac{1}{2}$ cm	▨	▨
Durchmesser d	▨	$\frac{1}{2}$ m	▨	▨	▨	8,6 cm	10,8 cm
Umfang u	▨	▨	70 cm	1,5 km	▨	▨	▨

▲   2,2   3,48   4,02   4,58

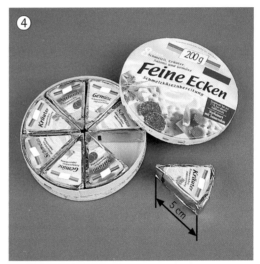

1. Antonia, Sengül und Klaus stellen für das Schulfest eine Wurf-
scheibe her. In die Mitte einer quadratischen Holzplatte haben
sie einen grauen Kreis gezeichnet. Darum herum haben sie vier
gleich breite Kreisringe angeordnet.

   a) Wie viel Zentimeter lang sind die Seiten der Holzplatte? Wie
   groß ist der Radius des Kreises in der Mitte der Scheibe?

   b) Welchen Abstand hat der Rand des grauen Kreises vom Rand
   der Holzplatte?

   c) Berechne die Breite der vier Kreisringe. Runde die Breite auf
   Zentimeter.

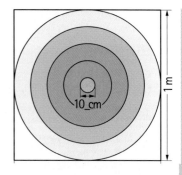

2. a) Prüfe Radius und Flächeninhalt des
   grauen und des roten Kreises.

   b) Der Flächeninhalt des roten Kreisrings
   wurde so berechnet: großer Kreis minus
   kleiner Kreis. Erkläre und prüfe.

   c) Berechne den Flächeninhalt der anderen
   Kreise und Kreisringe. Runde auf cm².

	Radius	Flächeninhalt des Kreises	Flächeninhalt des Kreisrings
grauer Kreis	5 cm	79 cm²	–
roter Kreis	16 cm	804 cm²	725 cm²
blauer Kreis	27 cm		

3. a) Nur 1 % der gesamten kreisförmigen Scheibe ist grau gefärbt. Prüfe nach.

   b) Wie viel Prozent der kreisförmigen Scheibe sind rot gefärbt, wie viel Prozent sind blau gefärbt, wie viel grün, wie viel gelb?

4. Antonia, Sengül und Klaus überlegen, mit welcher Punktezahl ein Treffer in den grauen Kreis
und in die Kreisringe gewertet werden soll. Jeder macht einen Vorschlag. Welchen Vorschlag be-
vorzugst du? Begründe deine Meinung.

Antonia

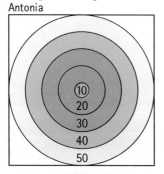

Sengül

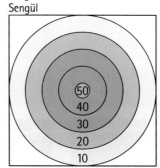

Klaus

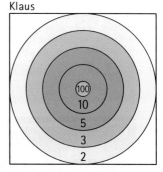

5. Antonia, Sengül und Klaus machen je fünf Probewürfe auf die Scheibe von Klaus. Jeder Wurf
trifft die kreisförmige Scheibe. Antonia erzielt 115 Punkte, Sengül 110 Punkte und Klaus 15
Punkte. Welche Felder hat jeder getroffen?

6. Bei einem Test mit 10 Würfen auf die Scheibe von Sengül ergaben sich 50, 40, 20, 50, 30, 10,
20, 30, 40, 30 Punkte. Wie viel Prozent der Treffer gingen in das graue Feld, wie viel Prozent
gingen in jedes der anderen vier Felder?

7. Stellt selbst eine Kreisscheibe ohne Punkteverteilung für euer Sportfest her.

   a) Stellt fest, wie oft die einzelnen Felder bei 1 000 Würfen getroffen werden.

   b) Ermittelt, wie viel Prozent aller Würfe die einzelnen Felder treffen.

   c) Überlegt nun, wie ihr die Punkte für die einzelnen Felder verteilen würdet.

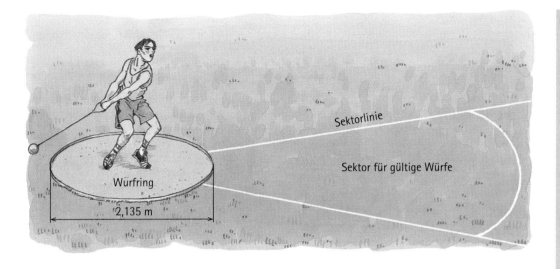

1. Auf dem Sportplatz des TV 1897 Frankonia soll ein neuer Hammerwurfring eingerichtet werden.
   a) Für den Bau des Wurfrings wird eine quadratische Grube ausgehoben, deren Seiten um 10 cm länger sind als der Durchmesser des Wurfrings. Die Schotterschicht unter dem Beton soll 25 cm und die Betonschicht 15 cm stark sein. Wie viel m³ Erde müssen ausgehoben werden?
   b) Der Wurfring soll mit einem Eisenring eingefasst werden. Wie lang muss er sein?
   c) Schätze, wie viel Kubikmeter Beton ungefähr benötigt werden, wenn nur der kreisförmige Wurfring mit Beton ausgegossen werden soll. Eine Skizze hilft dir.

2. Für den Wettkampf müssen Sektorlinien und Kreisbögen für das Messen von Wurfweiten bis 60 m gezogen werden. Der Abstand der Kreisbögen ist 10 m.
   a) Wie viele Kreisbögen müssen in dem Sektor gezogen werden?
   b) Wie lang müssen die Kreisbögen sein? In der Zeichnung siehst du, dass der Mittelpunktswinkel des Sektors ungefähr ein Zehntel des Vollwinkels beträgt. Damit kannst du den Flächeninhalt des Sektors bis zum ersten Kreisbogen und bis zum letzten Kreisbogen sowie die Länge dieser beiden Kreisbögen berechnen. Begründe und rechne.

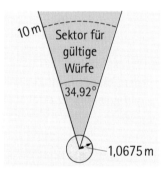

3. Der Kugelstoßring hat den gleichen Durchmesser wie der Hammerwurfring. Der Winkel des Wurfsektors ist ebenso 34,92° groß. Für den Wettkampf im Kugelstoßen werden im Sektor der Kugelstoßanlage ebenfalls Kreisbogenlinien gezogen. Für das Kreissportfest wird der erste Kreisbogen 5 m vom Kugelstoßring entfernt angelegt. Die weiteren Kreisbögen werden mit je einem Meter Abstand bis 13 Meter in den Sektor eingezeichnet.
   a) Fertige eine Skizze des Sektors mit den eingezeichneten Kreisbögen. Wie lang sind der erste, der mittlere und der letzte Kreisbogen? Rechne mit einem Zehntel des Vollkreises.
   b) Wenn ein Stoß gültig sein soll, muss die Kugel innerhalb der beiden Sektorlinien auftreffen. Wie groß ist die Fläche des bis 13 m markierten Sektors? Runde auf Quadratmeter.

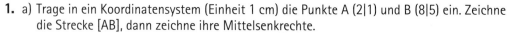

1. a) Trage in ein Koordinatensystem (Einheit 1 cm) die Punkte A (2|1) und B (8|5) ein. Zeichne die Strecke [AB], dann zeichne ihre Mittelsenkrechte.
   b) Gib für drei Punkte auf der Mittelsenkrechten die Koordinaten an.

2. Trage in ein Koordinatensystem die Punkte A (1|4), B (7|1) und C (4|8) ein. Zeichne die Geraden AB und AC, dann zeichne die Winkelhalbierende des Winkels, den die beiden Geraden bilden. Prüfe durch Messen der beiden Teilwinkel, ob du richtig gezeichnet hast.

3. An der Bahnlinie soll ein Bahnhof eingerichtet werden. Der Bahnhof soll von den beiden Orten Achern und Bendorf gleich weit entfernt sein.
   a) Übertrage die Zeichnung in dein Heft. Bestimme den Standort des Bahnhofs.
   b) Miss in deiner Zeichnung, dann bestimme, wie weit der Bahnhof von jedem der beiden Orte entfernt ist.

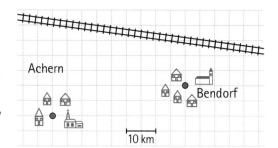

4. Berechne den Flächeninhalt und den Umfang der Figur (Maße in Zentimetern).

a) 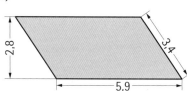   b) 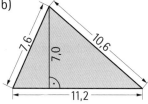   c)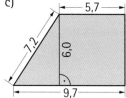

5. Zeichne die Figur in dein Heft. Ergänze sie zu einem möglichst kleinen Rechteck. Bestimme den Flächeninhalt des Rechtecks, dann den Flächeninhalt der Figur. Die erforderlichen Maße entnimm deiner Zeichnung.

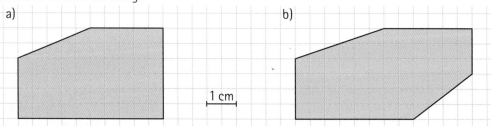

a)   b)

1 cm

6. Ein rechtwinkliges Dreieck hat die Seiten a = 6,4 cm, b = 4,8 cm und c = 8 cm.
   a) Konstruiere das Dreieck.   b) Berechne Flächeninhalt und Umfang des Dreiecks.

7. Berechne den Flächeninhalt des Kreises. Runde auf cm^2. Bestimme auch den Umfang. Runde das Ergebnis auf Zentimeter.
   a) r = 8 cm   b) r = 6 cm   c) d = 14 cm   d) d = 18 cm   e) r = 24,6 cm   f) d = 34,8 cm

8. Die Räder eines Fahrrades haben einen Durchmesser von 68 cm. Wie viel Meter legt das Fahrrad bei 20 Umdrehungen der Räder zurück? Runde auf zehntel Meter.

1. a) Schreibe die Längen heraus. Ordne sie jeweils der Größe nach. Beginne mit der kürzesten Länge.

b) Bestimme von den Flächeninhalten jeweils 3 % und schreibe in der nächstkleineren Einheit.

3,5 m²   80 cm $\frac{79}{100}$ m   1,25 km   0,135 m²   0,125 km   0,35 m²   0,49 m²

7,9 dm²   1,25 m   45 dm²   0,78 m   45 cm²   0,85 m   1,25 m²

2. Ein Landwirt besitzt ein rechteckiges Weizenfeld von 80 000 m² Größe.

a) Wie lang und wie breit könnte das Feld sein? Gib zwei Möglichkeiten an.

b) Pro 10 000 m² Weizenfeld erntet der Landwirt 5 t Weizen. Für 100 kg Weizen erhält er einen Preis von 9 €. Wie hoch ist die Einnahme, die der Landwirt mit dem Weizenfeld erzielt?

c) Im letzten Jahr hat der Landwirt 10 % weniger Weizen geerntet. Wie hoch war der Ertrag an Weizen?

3. Welche vier Größen gehören zu demselben Kreis?

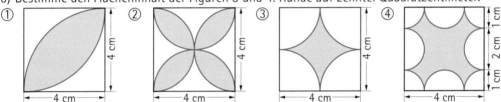

r = 1,5 cm   u = 9,42 cm   r = 1 cm   d = 3 cm   A = 7,07 cm²   u = 6,28 cm   A = 3,14 cm²   d = 2 cm

4. a) Bestimme den Umfang der blauen Figuren 1 und 2. Runde auf Millimeter.

b) Bestimme den Flächeninhalt der Figuren 3 und 4. Runde auf zehntel Quadratzentimeter.

① 4 cm · 4 cm   ② 4 cm · 4 cm   ③ 4 cm · 4 cm   ④ 4 cm · 1 cm · 2 cm · 1 cm

Schulfest

5. Das Schulfest besuchten etwa 500 Schülerinnen und Schüler, 250 Ehemalige, 625 Eltern und Verwandte sowie 125 weitere Gäste. Es wurden 12 000 Wertmarken zu je 0,25 € verkauft.

a) Wie hoch waren die Einnahmen?

b) Wie viele Besucher kamen insgesamt?

c) Gib den Anteil der Schülerinnen und Schüler in Prozent an, den Anteil der Ehemaligen als Bruch.

d) Veranschauliche die Größe der vier Besuchergruppen in einem Kreisdiagramm.

Winkel für 1 %: 3,6°
Winkel für $\frac{1}{3}$: 120°

6. a) Max kauft in der Cafeteria 3 Gläser Apfelsaft. Wie viele Wertmarken muss er abgeben?

b) Susann kauft 4 Tassen Kaffee und 3 Stück Sahnetorte für 20 Wertmarken. Wie teuer ist ein Stück Sahnetorte?

c) Pia kauft 2 Gläser Apfelsaft und 2 Bratwürstchen. Sie muss 16 Wertmarken abgeben. Wie viele Wertmarken muss Franco für ein Würstchen abgeben?

Preisliste

Wertmarke: 1 W = 0,25 €

1 Glas Apfelsaft	3 W
1 Tasse Kaffee	2 W
1 Stück Obsttorte	3 W
1 Stück Sahnetorte	

Prozentrechnung

Sportfest der Corneliusschule
Auswertung Stufe 8

Klasse	Anzahl der Teilnehmer	Sieger-urkunden	Ehren-urkunden
8a	25	8	4
8b	27	9	3
8c	20	7	4
M 8d	24	6	3

1. Die Ergebnisse vom letzten Sportfest der Corneliusschule wurden ausgewertet. Welche Informationen kannst du ablesen?

2. Welche Klasse war deiner Meinung nach am erfolgreichsten?

3. Julia sagt: „In meiner Klasse hat $\frac{1}{4}$ aller Teilnehmer eine Siegerurkunde und $\frac{1}{8}$ eine Ehrenurkunde." Welche Klasse meint sie?

4. In welcher Klasse bekam jeder dritte Schüler eine Siegerurkunde?

1. Holger aus der 8a und Mira aus der 8c überlegen sich, welche Klasse erfolgreicher war. Sie stellen verschiedene Vergleiche an. Was meinst du?

Klasse	Teilnehmer	Siegerurkunden	Ehrenurkunden	Urkunden insgesamt
8a	25	8	4	12
8b	27	9	3	▨
8c	20	7	4	▨
M 8d	24	6	3	▨

Holger	8a: 12 Urkunden	Mira	8a: $\frac{12}{25} = \frac{48}{100} = 48\%$
macht einen	8c: 11 Urkunden	macht einen	8c: $\frac{11}{20} = \frac{55}{100} = 55\%$
absoluten Vergleich.	Die 8a war erfolgreicher.	**relativen Vergleich.**	Die 8c war erfolgreicher.

2. Julia hat ausgerechnet, dass 32 % der Teilnehmer in Klasse 8a eine Siegerurkunde erhalten.
a) Erkläre, wie Julia gerechnet hat.
b) Wie viel Prozent haben in der 8a eine Ehrenurkunde bekommen?

$$8 \text{ von } 25 = ▨ \%$$
$$\frac{8}{25} = \frac{32}{100}$$
$$\frac{32}{100} = 32\%$$

3. Wie viel Prozent der Teilnehmer in der Klasse 8c erhielten
a) eine Siegerurkunde
b) eine Ehrenurkunde
c) eine Sieger- oder eine Ehrenurkunde?

▲ **4.** a) 3 von 100 = ▨ %   b) 7 von 10 = ▨ %   c) 4 von 25 = ▨ %   d) 18 von 200 = ▨ %
     1 von 25 = ▨ %   7 von 20 = ▨ %   3 von 20 = ▨ %   18 von 300 = ▨ %

5. Bei der Berechnung des Prozentsatzes der erfolgreichen Teilnehmer aus Klasse M 8d muss man zuerst kürzen.
a) Erkläre am Beispiel der Siegerurkunden.
b) Berechne den Prozentsatz für eine Ehrenurkunde in Klasse M 8d.
c) Wie viel Prozent erhielten eine Sieger- oder eine Ehrenurkunde?

$$6 \text{ von } 24 = ▨ \%$$
$$\frac{6}{24} = \frac{1}{4} = \frac{25}{100}$$
$$\frac{25}{100} = 25\%$$

6. Patrik meint: „In der 8b bekam ein Drittel eine Siegerurkunde. Das sind etwa 33 %." Hat er Recht? Wie viel Prozent etwa erhielten eine Ehrenurkunde?

▲ **7.** Prozentsätze kann man auch mit Dezimalbrüchen bestimmen. Erkläre das Beispiel. Rechne ebenso.
a) 18 von 40 = ▨ %   b) 12 von 30 = ▨ %   c) 180 von 400 = ▨ %
   21 von 60 = ▨ %   52 von 80 = ▨ %   330 von 600 = ▨ %
   28 von 80 = ▨ %   27 von 90 = ▨ %   75 von 500 = ▨ %

$$18 \text{ von } 40 = ▨ \%$$
$$\frac{18}{40} = 18 : 40 = 0{,}45$$
$$0{,}45 = 45\%$$

8. 0,02 = ▨ %   0,17 = ▨ %   0,43 = ▨ %   0,87 = ▨ %   0,6 = ▨ %   1,05 = ▨ %

9. Im 100-m-Endlauf blieben 4 von 7 Startern unter 11 Sekunden. Das ist ein Prozentsatz von rund 57 %. Prüfe nach.

$$4 \text{ von } 7 = ▨ \%$$
$$\frac{4}{7} = 4 : 7 = 0{,}571\ldots$$
$$\approx 0{,}57$$

10. Setze ein: = oder ≈. $\frac{1}{3}$ ▨ 33 % $\frac{1}{7}$ ▨ 14 % $\frac{1}{8}$ ▨ 12,5 %

11. Übertrage die Tabelle in dein Heft. Trage die Zahlen in die richtigen Spalten ein und vervollständige die Tabelle.
$\frac{3}{4}$ 20 %   0,5   5 %   0,04   0,25 $\frac{2}{100}$

Bruch	Hundertstel-bruch	Dezimal-bruch	Prozent-satz
$\frac{3}{4}$	$\frac{75}{100}$	0,75	75 %

▲ 3   4   6   9   15   15   16   30   35   35   35   40   45   45   55   65   70

1. In der Prozentrechnung werden die Begriffe Grundwert, Prozentsatz und Prozentwert benutzt. Erkläre am Beispiel. Ein Fahrrad
kostet 450 €. Es werden 5 % Nachlass gewährt, das sind 22,50 €.

Grundwert
entspricht
100 %

Grundwert	Prozentsatz	Prozentwert
450 €	$\cdot \frac{5}{100}$ $\longrightarrow$	22,50 €

2. Der Preis eines Fahrrads beträgt 350 €. Der Preis wird um 4 % erhöht, das sind 14 €. Nenne den
Grundwert, den Prozentsatz und den Prozentwert.

3. Ein Rennrad kostet 900 €. Bei Barzahlung werden 2 % nachgelassen. Schreibe eine Frage und
eine Antwort zu diesem Beispiel auf.

2 % von 900 € = ☐ €	Grundwert	Prozentsatz	Prozentwert
Grundwert 900 €		$\cdot \frac{2}{100}$	
Prozentsatz 2 %	900 €	$\longrightarrow$	▨ €
Prozentwert ▨ €			

▲ **4.** Wie groß ist der Preisnachlass? Preis: a) 500 € b) 800 €   Nachlass: 4 % 6 % 20 % 30 %

5. Schreibe eine Frage und eine Antwort auf.

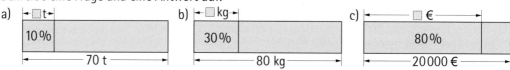

a) ⊢☐t⊣ 10 % ⊢——— 70 t ———⊣

b) ⊢☐kg⊣ 30 % ⊢——— 80 kg ———⊣

c) ⊢——— ☐ € ———⊣ 80 % ⊢——— 20 000 € ———⊣

6. In der Schülerzeitung wurde berichtet, dass 120 der Schülerinnen und Schüler in einem Sportverein sind, das sind 40 %. Wie viele Schülerinnen und Schüler hat die Schule?

40 % von ☐ Schülern = 120 Schüler	Grundwert	Prozentsatz	Prozentwert
Grundwert ▨ Schüler		$\cdot \frac{40}{100}$	
Prozentsatz 40 %	▨ Schüler $\longleftarrow$		120 Schüler
Prozentwert 120 Schüler		$: \frac{40}{100}$	

7. In einem Dorf sind 60 % aller Einwohnerinnen und Einwohner in einem Verein, das sind 1 800.
Wie viele Einwohnerinnen und Einwohner hat das Dorf?

▲ **8.** Gib den Grundwert an.

	a)	b)	c)	d)	e)	f)	g)	h)
Prozentwert	150 €	400 €	400 kg	600 kg	9 €	10 €	3 m	18 m
Prozentsatz	50 %	80 %	20 %	30 %	2 %	5 %	3 %	3 %

9. Schreibe eine Frage und eine Antwort auf.

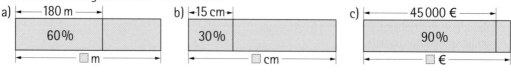

a) ⊢——— 180 m ———⊣ 60 % ⊢——— ☐ m ———⊣

b) ⊢15 cm⊣ 30 % ⊢——— ☐ cm ———⊣

c) ⊢——— 45 000 € ———⊣ 90 % ⊢——— ☐ € ———⊣

▲ 20 30 32 48 100 100 150 160 200 240 300 450 500 600 2 000 2 000

1. Im letzten Monat hat es von 30 Tagen an 6 Tagen geregnet. Wie viel Prozent der Tage waren Regentage?

		Grundwert	Prozentsatz	Prozentwert
6 von 30 Tagen = ☐ %				
Grundwert	30 Tage		$\cdot\frac{▦}{100}$	
Prozentsatz	▦ %			
Prozentwert	6 Tage	30 Tage ──────────→		6 Tage

2. Wie viel Prozent Regentage im Monat waren es? April: 15 von 30 Tagen   Juni: 18 von 30 Tagen

▲ **3.** Berechne den Prozentsatz im Kopf. Beispiel: $\frac{8}{400} = \frac{2}{100} = 2\,\%$

	a)	b)	c)	d)	e)	f)	g)
Grundwert	400 €	2 000 *l*	40 km	500 kg	900 m	3 cm	6,00 €
Prozentwert	8 €	500 *l*	10 km	100 kg	18 m	1,5 cm	1,50 €

4. Schreibe eine Frage und eine Antwort auf.

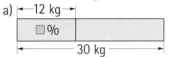
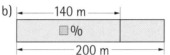

a) |←12 kg→| ☐ % — 30 kg

b) |← 140 m →| ☐ % — 200 m

c) |←3,50 €→| ☐ % — 35 €

5. Wie viel Euro spart man? Wie viel Prozent des alten Preises sind das?

160 € 120 €   120 € 90 €   30 € 21 €   150 € 105 €

6. a) Von 40 Apfelsinen waren 5 verfault.
b) Von 400 Teilnehmern waren 80 Kinder.
c) Von 1 500 Losen sind 1 200 Nieten.
d) Von 7 500 Plätzen blieben 2 500 frei.

e) Von 350 Kindern kamen 70 zu Fuß.
f) Von 120 Radrennfahrern kamen 90 ans Ziel.
g) Von 2 000 € Lohn zahlt er 500 € Miete.
h) Von 3 000 Pflanzen wuchsen 2 400 an.

▲ **7.** Großer Prozentwert, aber kleiner Prozentsatz. Berechne den Prozentsatz.

	a)	b)	c)	d)	e)	f)
Grundwert	50 000	8 000 000	80 000	50 000 000	2 000 000	12 000 000
Prozentwert	1 000	80 000	4 000	3 500 000	60 000	480 000

8. Wie heißt der Prozentsatz? $\frac{7}{100}$ 0,04   0,40 $\frac{70}{100}$ 0,13 $\frac{1}{2}$ $\frac{3}{4}$

9. Schreibe eine Frage und eine Antwort auf.

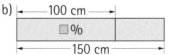

a) |← 8 kg →| 40 % — ☐ kg

b) |← 100 cm →| ☐ % — 150 cm

c) |← ☐ € →| 40 % — 900 €

▲ 1   2   2   2   3   4   5   7   20   25   25   25   50

1. Sonderangebot: Jeder MP3-Player 15% billiger. Mario kauft einen MP3-Player, der bisher 60 € kostete. Preisnachlass: 15% von 60 €. Erkläre die Lösung und schreibe einen Antwortsatz.

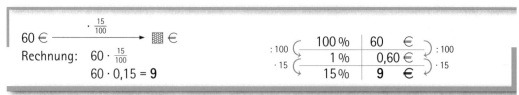

$$60 \text{€} \xrightarrow{\cdot \frac{15}{100}} \blacksquare \text{€}$$

Rechnung: $60 \cdot \frac{15}{100}$

$60 \cdot 0{,}15 = 9$

	100%	60 €
	1%	0,60 €
	15%	9 €

: 100, · 15 (left)   : 100, · 15 (right)

2. Eine Digitalkamera hat 275 € gekostet. Jetzt wird sie 40% billiger verkauft. Berechne den Preisnachlass und den neuen Preis. Gib Grundwert, Prozentsatz und Prozentwert an.

3. a)

8,50 / 12,00 / 14,00   25% billiger

b)

35% auf alle Paare   84,– €   58,– €

4. In einem Haushalt fallen jede Woche 120 l Müll an. Davon können 15% als Kompostmüll und 12% als Glasmüll wieder verwendet werden. Schreibe Fragen und Antworten auf.

▲ **5.** Berechne den Prozentwert.
   a) 14% von 360 kg   b) 19% von 260 €   c) 88% von 35 l   d) 4% von 55 m
      18% von 750 kg   18% von 15,50 €   88% von 3,5 l   12% von 55 m

6. Ein Werkstück von 16 kg besteht zu 4% aus Messing, zu 18% aus Blei und zu 20% aus Aluminium. Der Rest ist Eisen. Erkläre den Rechenweg, dann berechne
   a) das Gewicht des Messings, des Bleis und des Aluminiums,
   b) das Gewicht des Eisens im Werkstück.

100%	16 kg
1%	0,16 kg
4%	0,16 kg · 4 = $\blacksquare$ kg
18%	0,16 kg · 18 = $\blacksquare$ kg

7. Ein Kakao-Getränkepulver wird in 500-g-Packungen abgepackt. Das Pulver besteht zu 1,5% aus Mineralstoffen, zu 13,7% aus Traubenzucker, zu 28% aus Zucker und zu 23% aus weiteren Zusatzstoffen. Der Rest ist Kakao.

8. Erkläre die Beispiele. Übertrage die Tabelle in dein Heft und vervollständige sie.

Hundertstelbruch	$\frac{3}{100}$	$\frac{14{,}8}{100}$	$\blacksquare$	$\blacksquare$	$\blacksquare$	$\blacksquare$
Dezimalbruch	$\blacksquare$	$\blacksquare$	0,41	0,065	$\blacksquare$	$\blacksquare$
Prozentsatz	$\blacksquare$	$\blacksquare$	$\blacksquare$	$\blacksquare$	2%	4,5%

$\frac{1}{100} = 0{,}01 \ = \ 1\%$

$\frac{15}{100} = 0{,}15 \ = 15\%$

$\frac{15{,}6}{100} = 0{,}156 = 15{,}6\%$

▲ **9.** Runde die Ergebnisse auf die übliche Stellenzahl.
   a) 4,5% von 63 €   b) 18,3% von 4,7 kg   c) 9,3% von 74,3 m   d) 91,3% von 4   km
      12,4% von 127 €   27,1% von 14,4 kg   27,9% von 37,8 m   6,7% von 0,9 km

▲ 0,060   0,860   2,2   2,79   2,84   3,08   3,652   3,902   6,6   6,91   10,55   15,75   30,8   49,4   50,4   135

1. Bei einem Schaden übernimmt die Versicherung 80 % der Kosten. Sie zahlt 360 €. Wie hoch war der Schaden? Aufgabe: 80 % von ▒ € = 360 €. Erkläre die Lösung, schreibe einen Antwortsatz.

$$▒ € \xleftarrow[: \frac{80}{100}]{\cdot \frac{80}{100}} 360 €$$

Rechnung: $360 : \frac{80}{100}$

$360 : 0,8 = \textbf{450}$

	80 %	360 €	
: 80	1 %	4,50 €	: 80
· 100	100 %	**450** €	· 100

2. Eine Krankenversicherung bezahlt 60 % der Kosten einer Zahnbehandlung. Sie zahlt 420 €. Wie hoch war der Rechnungsbetrag?

▲ **3.** Im Kopf oder schriftlich?
a) 10 % von ▒ m = 200 m   b) 10 % von ▒ kg = 0,175 kg   c) 6 %   von ▒ l = 36 l
   50 % von ▒ m = 125 m   20 % von ▒ kg = 0,800 kg   3 %   von ▒ l = 15 l
   20 % von ▒ m = 40 m   2 % von ▒ kg = 0,400 kg   1,5 % von ▒ l = 3 l

4. Ein Bus ist zu 40 % besetzt, das sind 22 Fahrgäste. Wie viele Personen fasst der Bus?

▲ **5.** Berechne den Grundwert.

	a)	b)	c)	d)	e)	f)	g)
Prozentwert	102 kg	245 €	2 100 l	36 km	45 t	301 €	195 kg
Prozentsatz	40 %	70 %	25 %	30 %	15 %	14 %	15 %

6. Diese „Jahreswagen" werden von Werksangehörigen mit 82 % des Neuwertes weiterverkauft. Berechne den Neuwert der Autos.

7. Patric behauptet, die Verkäufer verlangen 85 % des Neuwertes (Aufgabe 6). Wie hoch wäre der Neuwert dann?

8. a) Vollmilch enthält 3,5 % Fett. In wie viel Liter Milch ist insgesamt 1 kg Fett? (1 l wiegt 1 kg).
b) In Deutschland leben ca. 80 Mio. Menschen. Das sind ca. 1,33 % aller Menschen auf der Erde.

9. Von 1998 bis 2002 waren 137 der Abgeordneten im Deutschen Bundestag Lehrerinnen und Lehrer. Das waren 20,47 % der Abgeordneten. Gab es damals mehr als 670 Abgeordnete?

10. In einem Fußballverein sind 32 Spieler jünger als 20 Jahre, das sind 40 %. Zwischen 20 und 30 Jahre alt sind 45 %. Wie viele Spieler sind älter als 30 Jahre?

11. Die Schülerinnen und Schüler der Geschwister-Scholl-Hauptschule wurden zum Thema: „Länge deines Schulwegs" befragt. Die Ergebnisse wurden in einer Tabelle zusammengestellt. Übertrage die Tabelle in dein Heft und fülle sie vollständig aus.

Schulweg	Zahl	Prozent
kürzer als 3,5 km	126	45 %
zwischen 3,5 km und 5 km	▒	▒
länger als 5 km	▒	15 %
Anzahl der Befragten	▒	100 %

▲ 1,75   4   20   120   200   200   250   255   300   350   500   600   1 300   2 000   2 150   8 400

1. In 500 g Fleisch sind 200 g Wasser enthalten. Wie viel Prozent Wasser enthält das Fleisch?
Aufgabe: 200 g von 500 g = ▨ %. Erkläre die Rechnung und schreibe einen Antwortsatz.

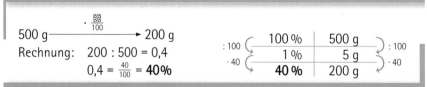

500 g $\xrightarrow{\cdot \frac{▨}{100}}$ 200 g

Rechnung: 200 : 500 = 0,4

$0,4 = \frac{40}{100} = 40\%$

$5 \cdot ? = 200$

	100 %	500 g	
: 100	1 %	5 g	: 100
· 40	40 %	200 g	· 40

2. Aus 1 500 g Teig wird ein 1 320 g schweres Brot gebacken. Wie viel Prozent des Teigs sind das?

3. Ein Brot von 1 200 g enthält 612 g Stärke, 456 g Wasser, 108 g Eiweiß und 24 g andere Stoffe.

4. Vom Bruch zum Prozentsatz. Erkläre. Setze fort mit $\frac{6}{71}$ $\frac{9}{23}$ $\frac{6}{46}$ $\frac{3}{26}$ $\frac{144}{217}$ $\frac{20}{111}$

Bruch	Quotient	Dezimalbruch	gerundet	Hundertstelbruch	Prozentsatz
$\frac{3}{22}$	3 : 22	0,13636...	0,14	$\frac{14}{100}$	14%

▲ **5.** Runde auf ganzzahlige Prozentsätze.

	a)	b)	c)	d)	e)	f)
Grundwert	17,00 €	230 g	7 km	3 l	75 000 km	1 425 €
Prozentwert	14,50 €	173 g	5 km	2,1 l	6 300 km	125 €

6. Ein Reiseveranstalter hat den Preis für eine Reise nach Rom berechnet. Er rechnet mit 23 € für die Reiseversicherung, 230 € für die Fahrtkosten und 506 € für die Unterbringung. Der Restpreis ist für die Verpflegung vorgesehen. Wie viel Prozent des Gesamtpreises entfallen auf die einzelnen Kosten?

7. Wandle um in gleiche Maßeinheiten. Dann rechne.
a) 36 cm von 7,20 m = ▨ %
12 cm von 0,75 m = ▨ %

b) 650 m von 13 km = ▨ %
570 m von 1 km = ▨ %

c) 90 Cent von 3,60 € = ▨ %
27 Cent von 1,80 € = ▨ %

▲ **8.** Gib den Rabatt in Prozent an. Runde auf ganzzahlige Prozentsätze.

	a)	b)	c)	d)	e)	f)	g)
Alter Preis	79 €	199 €	19,90 €	3,99 €	0,99 €	2,46 €	23,10 €
Rabatt	20 €	50 €	5,90 €	0,40 €	0,20 €	0,52 €	4,62 €

9. a) Anika hat die verschiedenen Abschnitte eines normalen Schultages in einem Streifendiagramm dargestellt. Rechne die Anteile in Prozentsätze um.

Schlafen	Schule und Schulweg	Musik hören Fernsehen	Freunde treffen	Hausauf-gaben	Sons-tiges
$8\frac{1}{2}$ h	$6\frac{1}{2}$ h	3 h	$2\frac{1}{2}$ h	2 h	$1\frac{1}{2}$ h

b) Stelle auch deinen Tagesablauf als Streifendiagramm dar.

▲ 8   9   10   20   20   21   25   25   30   70   71   75   85

1. Fülle die Tabelle aus mit:

$\frac{1}{5}$ 0,75 $\frac{16}{100}$ 40 % $\frac{90}{100}$ 0,125   4 : 50 $\frac{6}{20}$ 0,8   1,2   50 %

$\frac{1}{5}$ = 1 : 5 = 0,2 = $\frac{20}{100}$ = 20 %

Bruch	Quotient	Dezimalbruch	Hundertstelbruch	Prozentsatz
$\frac{1}{5}$	▨	▨	▨	▨
▨	▨	0,75	▨	▨

2. Zeichne eine Tabelle wie in Aufgabe 1. Runde die Prozentsätze auf eine Stelle nach dem Komma.
Brüche: $\frac{1}{2}$ $\frac{1}{3}$ $\frac{2}{3}$ $\frac{3}{5}$ $\frac{1}{6}$ $\frac{5}{6}$ $\frac{1}{7}$ $\frac{1}{8}$ $\frac{3}{8}$ $\frac{1}{9}$ $\frac{1}{10}$ $\frac{3}{11}$ $\frac{5}{13}$

3. Berechne den fehlenden Wert.

a) ◄— ▨ m —►
45 %
◄———— 200 m ————►

b) ◄——— 20 € ———►
▨ %
◄———— 30 € ————►

c) ◄——— 6 kg ———►
75 %
◄———— ▨ kg ————►

4. Was ist gesucht, der Grundwert, der Prozentsatz oder der Prozentwert? Rechne.
a) In einem Kino mit 140 Besuchern sind 45 % Kinder und Jugendliche.
b) Ein Bus ist zu 75 % besetzt. Es fahren 30 Fahrgäste mit.
c) Grippewelle: In Tonis Klasse sind 25 Schüler, heute fehlen 10 Schüler.

5. Was ist gegeben, was ist gesucht? Zeichne eine Lösungsskizze. Schreibe einen Antwortsatz.
a) Birte verkauft ihren MP3-Player für 20 €. Neu hat er 25 € gekostet.
b) In diesem Monat will Astrid 30 % von ihren 20 € Taschengeld sparen.
c) In einer Kur verliert Herr Mai 12 kg, das sind 15 % seines ehemaligen Gewichtes.

▲ **6.** Berechne den fehlenden Wert. Runde, wenn nötig.

	a)	b)	c)	d)	e)	f)	g)	h)	i)
Grundwert	105 l	350 kg	▨	31 m	26 g	7 562 €	▨	305 km	190 l
Prozentsatz	7 %	▨	80 %	8,1 %	▨	14,3 %	99 %	61 %	▨
Prozentwert	▨	60 kg	190 m	▨	3,5 g	▨	6,1 cm	▨	33 l

▲ **7.** Berechne den Wassergehalt der Nahrungsmittel in Prozent.
a) 600 g Hülsenfrüchte enthalten 108 g Wasser
b) 250 g Fleisch enthalten 120 g Wasser
c)   75 g Käse enthalten 33 g Wasser
d) 4 kg Kartoffeln enthalten 3 kg Wasser
e) 600 g Brot enthalten 246 g Wasser
f) 500 g Obst enthalten 440 g Wasser

8. Ein Händler hat sich eine Tabelle für Gebrauchtwagenpreise angelegt. Hat er den Zeitwert im Angebot richtig berechnet?

Alter des Wagens in Jahren	1	2	3	4
Wert gegenüber dem Neupreis	80 %	65 %	50 %	40 %

Angebot
Gebrauchtwagen
2 Jahre alt
Neupreis 12 000 €
jetzt nur 7 800 €

9. Ein Wagen kostete neu 17 500 €. Berechne mit der Tabelle (Aufgabe 8) den Zeitwert nach 2 Jahren, 3 Jahren und 4 Jahren.

10. Der Händler verkauft ein 4 Jahre altes Auto mit einem Zeitwert von 4 000 €. Wie hoch war wohl der Neupreis des Autos?

▲ 2,51   6,2   7,35   13,5   17,1   17,4   18   41   44   48   75   88   186,05   237,5   1 081,37

	A	B	C
1	Grundwert	Prozentsatz	Prozentwert
2	100	3,5 %	3,5
3	200	3,5 %	7
4	300	3,5 %	10,5
5	400	3,5 %	14
6	500	3,5 %	17,5

1. Wenn viele Aufgaben des gleichen Typs gerechnet werden sollen, lohnt sich der Einsatz des Computers, so wie hier bei den Grundaufgaben der Prozentrechnung.
   a) Im Rechenblatt erkennst du die drei Spalten A, B und C. Wie viele Zeilen siehst du hier?
   b) In der Zelle A1 steht das Wort „Grundwert". In welcher Zelle steht „Prozentwert"?
   c) Die Zahlen in der orangefarbenen Spalte C hat der Computer berechnet. Was wurde in Zelle C2 berechnet? Prüfe durch Kopfrechnen. Prüfe auch die Ergebnisse in den Zellen C3 bis C6.

2. a) Eine Formel beginnt immer mit =. Erkläre die Formel in C2 und C3.
   b) Welche Formeln müssen in die Zellen C4 bis C7 eingegeben werden, um den Prozentwert zu berechnen?
   c) Nach dem Eingeben der Formel wird das Ergebnis berechnet. Prüfe durch Kopfrechnen nach.

	A	B	C
1	Grundwert	Prozentsatz	Prozentwert
2	530	2 %	10,6 = A2 * B2
3	530	2,5 %	13,25 = A3 * B3
4	530	3 %	🔲
5	530	3,5 %	🔲
6	530	4 %	🔲
7	530	4,5 %	🔲

3. Nun wird der Grundwert berechnet.
   a) Welche Formeln müssen in die Zellen A2 bis A7 eingegeben werden?
   b) Ändere in Spalte C den Prozentwert. Wie ändert sich der Grundwert? Erkläre.
   c) Ändere in Spalte B den Prozentsatz. Wie ändert sich der Grundwert?

	A	B	C
1	Grundwert	Prozentsatz	Prozentwert
2	🔲	12 %	100
3	🔲	12 %	200
4	🔲	12 %	300
5	🔲	12 %	400
6	🔲	12 %	500
7	🔲	12 %	600

4. Nun wird der Prozentsatz berechnet.
   a) Erkläre die Formel in Zelle B2.
   b) Kopiere diese Formel in die übrigen Zellen von Spalte B. Prüfe die Ergebnisse durch Kopfrechnen.
   c) Ändere in Spalte A die Grundwerte. Prüfe die Ergebnisse in Spalte B.

	A	B	C
1	Grundwert	Prozentsatz	Prozentwert
2	400	= C2/A2	40
3	600	🔲	60
4	800	🔲	40
5	1 200	🔲	48
6	2 000	🔲	120

5. Du kannst dir einen kleinen „Prozentrechner" anlegen, um die drei Grundaufgaben zu berechnen. Gib die Formeln ein. Nun kannst du in die anderen Felder beliebige Zahlen eingeben und dein Rechner löst die Aufgaben.

	A	B	C
1	Grundwert gesucht	Prozentsatz gesucht	Prozentwert gesucht
2	🔲	🔲	= A2*B2
3	= C3/B3	🔲	🔲
4	🔲	= C4/A4	🔲

1. Bei Prozentsätzen kleiner als 1 % ist es manchmal zweckmäßig, den Bruchteil des Ganzen in Promille (Tausendstel) anzugeben.

$$\frac{1}{1000} = 1\,‰$$
$$0,1\% = 1\,‰$$

a) Schreibe in Promille: 0,2 %   0,75 %   0,03 %   0,14 %   0,05 %
b) Schreibe in Prozent: 3 ‰   6 ‰   2,7 ‰   0,6 ‰   0,2 ‰

2.

Prozent	3 %	▨	1,6 %	▨	▨	▨	▨	▨	0,6 %
Promille	30 ‰	75 ‰	▨	150 ‰	▨	▨	1,8 ‰	▨	▨
Bruch	$\frac{30}{1000}$	▨	▨	▨	▨	$\frac{320}{1000}$	▨	▨	▨
Dezimalbruch	0,03	▨	▨	▨	0,01	▨	▨	1,2	▨

3. a) (6 ‰ | 8 ‰ | 1,5 ‰) von (12 000 €   )   b) (3,7 ‰ | 0,8 ‰) von (82 000 €   )

4. Herr Schäfer hat eine Haftpflichtversicherung abgeschlossen. Die Beiträge zu Versicherungen werden in Promille (je 1 000 €) angegeben.
a) Was hat Herr Schäfer versichert? Wie viel Euro muss er jährlich zahlen?
b) Die Versicherung kostet jährlich 8 ‰ der Jahresmiete. Prüfe die Kostenberechnung.
c) Wie hoch wäre die Prämie (der Beitrag) bei einer Jahresmiete von 45 000 €?

☒ Haus- und Grundstücks-Haftpflichtversicherung   für Wohn- und Geschäftshäuser

Deckungssummen je Versicherungsfall für Personenschäden	für die einzelne Person nicht mehr als	für Sachschäden
3.000.000 €	**1.000.000 €**	**750.000 €**

Die Gesamtleistung für alle Versicherungsfälle eines Versicherungsjahres beträgt das Doppelte dieser Deckungssummen.
Versichert werden soll die gesetzliche Haftpflicht als Haus- und Grundbesitzer (Lage des Grundstücks siehe Seite 2)

Bruttojahresmietwert   **60.000 €**   zu   **8 ‰**   Jahresnettobeitrag **480 €**

5. Ein Wohnhaus ist gegen Feuer, Sturm und Wasserschäden versichert. Versicherungssumme 240 000 €, Jahresprämie 0,9 ‰ der Versicherungssumme. Jahresprämie in Euro?

6. Ein Geschäftshaus wird gegen Feuer, Sturm- und Wasserschäden versichert. Versicherungssumme und Prämiensatz sind doppelt so hoch wie bei dem Privathaus in Aufgabe 5. Gib die Prämie in Euro an. Vergleiche mit der Prämie in Aufgabe 5.

7. Frau Berger hat eine Hausratversicherung abgeschlossen.
a) Wie hoch ist die Versicherungssumme?
b) Wie viel Promille der Versicherungssumme beträgt die Jahresprämie für die Versicherung des Hausrats?
c) Was ist gesondert zu versichern?
d) Prüfe die Prämienberechnung nach.
e) Wie ändert sich der Beitrag, wenn die Versicherungssumme 120 000 € beträgt?

Versicherungssumme des Hausrats einschließlich Wertsachen	Die Wohnfläche – siehe Rückseite – umfasst	Betrag € je 1000 €		IV.
80 000 €	**80** qm	1,70	136,00	

Wenn über 200 000 € bzw. Wertsachen über 40 000 € zusätzlich Form 0108 ausfüllen   Soll Klausel 834 – kein Abzug wegen Unterversicherung – gelten?   ☒ ja   ☐ nein

☒ Mitversicherung von **Fahrraddiebstahlschäden, Klausel 833**
Die Entschädigungsgrenze beträgt 1 %/____ % der Versicherungssumme   0,35   28,00

☒ Einschluss von Überspannungsschäden durch Blitz, Klausel 837
Die Entschädigungsgrenze beträgt 1 %/____ % der Versicherungssumme   0,20   16,00

		180,00
Jahresprämie abzüglich 10 % Rabatt bei 10-jähriger Vertragsdauer	18,00	162,00

8. Der Blutalkoholgehalt eines Menschen wird in Promille angegeben. Bei 0,5 Promille ist ein Kraftfahrer fahruntauglich. Der Mensch hat ungefähr 5 Liter Blut. Wie viel Milliliter reinen Alkohol hat ein Mensch im Blut bei einem Blutalkoholgehalt von 0,5 Promille?

1. Das Diagramm zeigt, wie viel Euro das Land Bayern durchschnittlich für jeden Schüler im Jahr 2004 ausgegeben hat.
   a) In welcher Schulform sind die Kosten pro Schüler am höchsten, in welcher am niedrigsten?
   b) Für welche Schulen sind die Kosten höher als in der Hauptschule? Für welche sind die Kosten niedriger? Berechne die Unterschiede in Euro.
   c) Michael behauptet: „Die jährlichen Kosten für einen Grundschüler betragen 77 % der Kosten für einen Hauptschüler." Stimmt das? Wie hat Michael gerechnet?
   d) Vergleiche die Kosten in den anderen Schularten mit den Kosten für einen Hauptschüler.

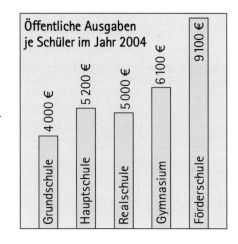

2. a) Stelle für die verschiedenen Schularten die Kosten eines Schulabschlusses als Balkendiagramm wie in Aufgabe 1 dar. Wähle 1 cm für 10 000 €.
   b) Vergleiche die Kosten für den Hauptschulabschluss mit den Kosten der anderen Schulabschlüsse. Wähle die Kosten für den Hauptschulabschluss als Grundwert.

Kosten, bis ein Schüler diesen Abschluss erreicht	
Hauptschulabschluss	46 200 €
Mittlere Reife an der Hauptschule	48 600 €
Abitur	76 600 €

3. a) Erkläre das Kreisdiagramm. Was stellt es dar?
   b) Von wie viel Prozent der Erwerbstätigen ist kein Schulabschluss angegeben?

4. In Deutschland gibt es etwa 36 Millionen Erwerbstätige.
   a) Berechne die Anzahl der Erwerbstätigen mit den verschiedenen Abschlüssen. Runde auf 100 000.
   b) Von wie vielen Erwerbstätigen ist kein Schulabschluss angegeben?

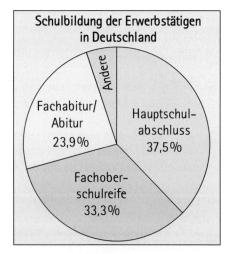

5. a) Der Mittelpunktswinkel des Sektors *Fachabitur/ Abitur* beträgt $23{,}9° \cdot 3{,}6° \approx 86°$. Erkläre.
   b) Berechne die Mittelpunktswinkel der Sektoren für die anderen Schulabschlüsse.

6. Stelle die „Schulbildung der Erwerbstätigen in Deutschland" (Aufgabe 3) in einem Streifendiagramm dar. Wähle 10 cm für die Länge des Streifens. Wie lang ist jeweils ein Abschnitt?

Hauptschulabschluss	Fach

7. Die Tabelle zeigt, wie viel Euro in Deutschland durchschnittlich für jeden Schüler pro Jahr ausgegeben werden. Stelle die Angaben der Tabelle in einem geeigneten Diagramm dar und beschrifte das Diagramm übersichtlich.

Grundschule:	3 800 €
Hauptschule:	4 500 €
Realschule:	4 300 €
Gymnasium:	5 300 €

1. Im Jahr 2005 wurden Jugendliche befragt. Einige Ergebnisse enthält die Tabelle.
   a) Wonach wurde gefragt?
   b) Die Angaben sind „Mehrfachnennungen." Was bedeutet das?
   c) Die Ergebnisse der Befragung kann man in einem Säulendiagramm darstellen. Zeichne die Darstellung in dein Heft und ergänze das Säulendiagramm für die anderen genannten Bereiche. Wähle 1 cm für 10 %.
   d) Warum kann man die Angaben nicht in ein einziges Kreisdiagramm übertragen?

Was für Jugendliche in ihrer Freizeit „in Frage kommt"	
Computer	80 %
Freunde	75 %
Sport	51 %
Kino	36 %
Party	34 %
Lesen	28 %

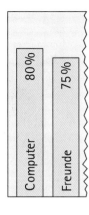

2. Die nebenstehende Tabelle zeigt die Ergebnisse einer weiteren Befragung im Jahre 2005.
   a) Waren Mehrfachnennungen möglich?
   b) Was erkennst du in den beiden Kreisdiagrammen? Schreibe zwei Aussagen auf.
   c) Stelle den Anteil der Nutzung für Textverarbeitung in einem Kreisdiagramm dar. Beachte: Zu 1 % gehört ein Mittelpunktswinkel von 3,6°.
   d) Stelle alle fünf Anteile in einem Säulendiagramm dar.

Computernutzung durch Jugendliche	
Computerspiele	75 %
Internet	48 %
Textverarbeitung	40 %
Tabellenkalkulation	28 %
Lernspiele	21 %

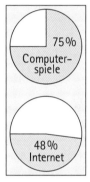

3. Eine Marktforscherin befragte 200 Schülerinnen und Schüler, wie lange sie täglich fernsehen.

Zeit für Fernsehen (in min)	0 bis 29	30 bis 59	60 bis 89	90 bis 119	120 bis 149	150 bis 179	180 bis 209	210 bis 239	240 und mehr
Anzahl der Schüler	10	25	55	10	45	25	20	10	0

   a) Bestimme die prozentualen Anteile für die einzelnen Zeiten.
   b) Übertrage die Anteile in ein Kreisdiagramm.
   c) Zeichne einen Streifen mit der Länge 10 cm und trage die Prozentsätze ein.
   d) Ermittle für deine Klasse die prozentualen Anteile und stelle sie jeweils in einem Streifen- und in einem Kreisdiagramm dar.

4. Hier sind einige Aussagen falsch. Berichtige die falschen Aussagen.
   a) Die Bevölkerung von Portugal kann Computer am besten bedienen.
   b) Mehr als die Hälfte der Bevölkerung von Deutschland kann PCs nicht bedienen.
   c) In Spanien können 50 % der Bevölkerung Computer bedienen.
   d) Nur 14 % der Bevölkerung von Island können einen Computer bedienen.
   e) Die deutsche Bevölkerung kann PCs besser bedienen als die Bevölkerung von Island.

So viel Prozent der Bevölkerung können PCs nicht bedienen:

Portugal	67
Griechenland	63
Spanien	50
Italien	45
Frankreich	42
Deutschland	38
Niederlande	24
Dänemark	21
Schweden	19
Island	14

Und warum muss ich soviel zahlen?

Jch verdiene nur 12,38 € pro Stunde.

Waschmaschinen-Service

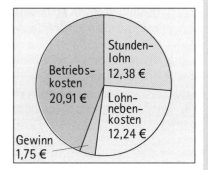

Georg Köstner

Rechnung:

$1\frac{1}{2}$ Std. à 47,28 €	70,92 €
Ersatzteile	45,50 €
	116,42 €

MwSt. (16%)

1. Immer wieder wundern sich Kunden über die Höhe von Handwerkerrechnungen.
a) Wie viel verdient der Geselle in $1\frac{1}{2}$ Stunden? Vergleiche den Lohn des Gesellen mit dem Arbeitslohn auf der Rechnung.
b) Wie teuer wird die Reparatur einschließlich Mehrwertsteuer?

2. Die Firma Köstner hat nicht nur den Lohn zu zahlen, sie hat auch noch zusätzliche Kosten für Mitarbeiter und Betrieb (Büro, Autos, Werkstatt, Versicherungen, Steuer, ...).
a) Wie hoch sind die Personalkosten für eine Arbeitsstunde?
b) Wie teuer wird eine Arbeitsstunde für den Kunden?
c) Berechne den prozentualen Anteil der drei Kostenarten und des Gewinns.
d) Wie hoch ist der Gewinn der Firma im Jahr, wenn der Geselle an 214 Tagen jeweils 7,5 Stunden arbeitet?

Stunden-lohn 12,38 €

Betriebs-kosten 20,91 €

Lohn-neben-kosten 12,24 €

Gewinn 1,75 €

3. In der Firma „Georg Köstner" wird nicht an jedem Tag gearbeitet. Erkläre die Aufstellung, berechne die Ausfalltage und die verbleibenden jährlichen Arbeitstage. Wie viel Prozent der Tage eines Jahres sind Ausfalltage, wie viel Prozent des Jahres sind Arbeitstage?

4. Der Geselle arbeitet durchschnittlich 7,5 Stunden am Tag.
a) Wie viele Arbeitsstunden sind das im Jahr?
b) Hiervon müssen noch rund 12,5% unproduktive Zeit abgezogen werden (Material abladen, Betriebsstörungen, Maschinenpflege usw.) Wie viele produktive Arbeitsstunden hat das Jahr?

Jahr:	365 Tage
Ausfalltage:	
Samstage und Sonntage	104 Tage
Urlaubstage	30 Tage
Krankheitstage	8 Tage
Feiertage und Sonstiges	9 Tage
Ausfalltage insgesamt	
Verbleibende Arbeitstage	
7,5 Stunden pro Tag Arbeitsstunden im Jahr	
12,5% unproduktiv	
Produktive Arbeitsstunden im Jahr	

5. Der Geselle erhält einen tariflichen Stundenlohn von 12,38 €. Täglich bekommt er 7,5 Stunden bezahlt. Er arbeitet an 5 Tagen in der Woche. Seinen Lohn erhält er für 52 Wochen im Jahr.
a) Berechne den Jahreslohn des Gesellen.
b) Wie hoch ist sein durchschnittlicher Monatslohn?
c) Die Firma zahlt ihm noch vermögenswirksame Leistungen, Urlaubsgeld und ein 13. Monatsgehalt von insgesamt 2 925 € im Jahr. Wie hoch ist sein Bruttojahresverdienst?

Was meinst du zu der Zeitungsmeldung? Stelle in einem Leserbrief an die Zeitung die Meldung richtig dar.

① **Wochenendticket der Bahn um 50 Prozent teurer**

FRANKFURT (ap) Das Schöne-Wochenendticket der Bahn soll schon bald 30 € statt bisher 15 € kosten, dafür aber zusätzlich in allen großen Verkehrsverbünden Deutschlands gültig sein. Wie ein Bahnsprecher in

② Noch engagieren sich 20 Prozent der Bundesbürger ehrenamtlich, doch laut der Deutschen Gesellschaft für Freizeit wird es bald nur noch jeder fünfte sein.

③ Fuhr vor einigen Jahren noch jeder zehnte Autofahrer zu schnell, so ist es mittlerweile heute „nur noch" jeder fünfte. Doch auch fünf Prozent sind zu viele, und so wird weiterhin kontrolliert, und die Schnellfahrer haben zu zahlen.

⑤ **Frauen in traditionell männlichen Berufen**

… So steigerte sich die Zahl der weiblichen Auszubildenden von 1975 bis 1990 um 7,9 Prozent. 1991 verdienten in Ostdeutschland immerhin schon mehr als ein Fünftel der berufstätigen Frauen ihr Geld in traditionell männlichen Berufen. In Westdeutschland waren es mit 26,5 Prozent kaum weniger.

④ Feuerwehr Herford senkt Preise bis zu 500 Prozent

Gebühren für Krankentransporte geraten in Bewegung

Statt bisher 150 € zahlt man jetzt nur noch 30 €.

⑥ **Zufriedene Deutsche**

Tübingen – Jeder neunte Deutsche (90,2 Prozent) ist mit dem Erreichten zufrieden. Das ist das Ergebnis einer Wickert-Umfrage. Seit ihrer Gründung 1951 haben die Wickert-Institute noch nie so viel Zufriedenheit ermittelt.

⑦ **Preissenkung um 150%!**

Ein Handy, das vor 2 Jahren noch 125 € gekostet hat, wurde durch eine Preissenkung vor einem Jahr um 50 %, dann vor einem halben Jahr wiederum um 50 % und jetzt zum 3. Mal um 50 %, letztendlich also um 150 % billiger!

⑧ **Ehescheidungen**

Jede dritte Ehe in Deutschland wird geschieden, in Großstädten sogar jede vierte.

1. Der Wochenpreis für ein Ferienhaus im Allgäu beträgt 275 €. In der Hauptsaison wird ein Zuschlag von 25 % erhoben. Erkläre, wie Tim und Lea den Wochenpreis für die Hauptsaison berechnen.

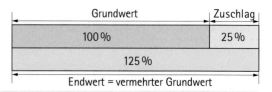

Aufgabe: 100 % von 275 € plus 25 % von 275 € = ▨ €

Tim: *„Grundwert plus Zuschlag gleich Endwert"*   Lea: *„25 % mehr entspricht 125 %."*

Grundwert:	275,00 €
Zuschlag:	25 % von 275 € = 68,75 €
Endwert:	343,75 €

: 100	100 %	275 €	: 100
· 125	1 %	2,75 €	· 125
	125 %	343,75 €	

Wochenpreis in der Hauptsaison: 343,75 €

2. Berechne den Preis für eine Woche in der Hauptsaison. Der Zuschlag beträgt 25 %.
   Wochenpreis: a) 235 €   b) 315 €   c) 282 €   d) 412 €   e) 377 €

3. Zum Grundpreis muss noch die Mehrwertsteuer von 16 % hinzugerechnet werden.
   Grundpreis: a) 317,50 €   b) 18,20 €   c) 417,80 €   d) 340,60 €   e) 607,80 €

▲ 4. Berechne den erhöhten Grundwert. Runde, wenn nötig.

	a)	b)	c)	d)	e)	f)
Grundwert	371,00 €	245,00 €	137,00 €	215,90 €	17,87 €	33,84 €
Zuschlag	4 %	6 %	3 %	2,5 %	8,5 %	7,5 %

5. Im Schlussverkauf wird in einer Boutique eine Jeans mit einem Preisnachlass von 20 % verkauft. Der alte Preis betrug 38 €. Erkläre, wie Tim den ermäßigten Preis bestimmt. Wie rechnet Lea? Vergleiche.

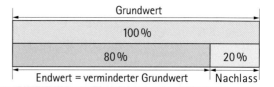

Aufgabe: 100 % von 38 € minus 20 % von 38 € = ▨ €

Tim: *„Grundwert minus Nachlass gleich Endwert"*   Lea: *„20 % weniger entspricht 80 %."*

Grundwert:	38,00 €
Nachlass:	20 % von 38 € = 7,60 €
Endwert:	30,40 €

: 100	100 %	38 €	: 100
· 80	1 %	0,38 €	· 80
	80 %	30,40 €	

Ermäßigter Preis: 30,40 €

▲ 6. Im Ausverkauf werden alle Artikel mit 18 % Nachlass verkauft. Berechne die neuen Preise.
   Alte Preise: a) 14,70 €   91,80 €   b) 155,90 €   210,80 €   c) 17,80 €   32,14 €

7. Berechne jeweils den Endwert. Verminderung um   a) 4 %   b) 8 %   c) 28 %   d) 32 %
   Grundwerte: 72 €   113 €   9,50 €   123,50 €   274,58 €

8. Berechne jeweils den Endwert. Erhöhung um   a) 5 %   b) 15 %   c) 35 %   d) 40 %
   Grundwerte: 37 €   179 €   233,80 €   475,40 €   543,80 €

▲ 12,05   14,6   19,39   26,35   36,38   75,28   127,84   141,11   172,86   221,3   259,7   385,84

Bezugspreis:	398 €
Geschäftskosten:	15% des Bezugspreises
Gewinn:	25% des Selbstkostenpreises
Mehrwertsteuer:	16% des Verkaufspreises

Bezugspreis		Kosten	
Selbstkostenpreis			Gewinn
Verkaufspreis			MwSt.
Endpreis			

Selbstkostenpreis		Verkaufspreis		Endpreis	
100%	398 €	100%	457,70 €	100%	572,13 €
1%	3,98 €	1%	4,577 €	1%	5,7213 €
115%	457,70 €	125%	572,13 €	116%	▓ €

1. a) Ein Händler zahlt für ein Fernsehgerät den Bezugspreis 398 €. Für Ladenmiete, Personalkosten, Heizung usw. rechnet er mit Kosten in Höhe von 15%. Berechne den Selbstkostenpreis.
   b) Als Gewinn setzt der Händler 25% des Selbstkostenpreises an. Verkaufspreis?
   c) Auf den Verkaufspreis kommen noch 16% Mehrwertsteuer. Berechne den Endpreis.

2. Im Großhandel kostet eine Stehlampe 146 €. Geschäftskosten 12%, Gewinn 25%, Mehrwertsteuer 16%. Wie hoch ist der Endpreis?

3. Berechne den Endpreis, wenn die Geschäftskosten 9%, der Gewinn 22% und die Mehrwertsteuer 16% betragen. Bezugspreis: 36,90 €   127,50 €   417,90 €

4. Ein tragbares Fernsehgerät ist am Gehäuse leicht beschädigt und wird deshalb billiger abgegeben. Der Verlust beträgt 20%, der Bezugspreis 248 €, Geschäftskosten 15%, Mehrwertsteuer 16%. Erkläre, wie man vom Bezugspreis zum Endpreis kommt. Beachte: Die Mehrwertsteuer ist auch zu zahlen, wenn das Geschäft mit Verlust arbeitet. Berechne den Endpreis.

Selbstkostenpreis		Verkaufspreis		Endpreis	
100%	248 €	100%	285,20 €	100%	228,16 €
1%	2,48 €	1%	2,852 €	1%	2,2816 €
115%	285,20 €	80%	228,16 €	116%	▓ €

5. Eine Waschmaschine (Bezugspreis 448 €) wird mit 30% Verlust verkauft. Die Geschäftskosten sind mit 12% angesetzt, die Mehrwertsteuer beträgt 16%. Wie hoch ist der Endpreis?

▲ 6. Ein Kaufmann muss Waren mit 28% Verlust verkaufen. Verlust in Euro? Verkaufspreis?
   Selbstkostenpreis: a) 4,60 €   17,80 €   b) 124,00 €   349,00 €

▲ 7. Eine Kauffrau rechnet mit einem Gewinn von 30%. Gewinn in Euro? Verkaufspreis?
   Selbstkostenpreis: a) 3,80 €   14,20 €   b) 112,50 €   314,00 €

▲ 8. Berechne den Endpreis. Die Mehrwertsteuer beträgt 16%.

	a)	b)	c)	d)	e)	f)
Bezugspreis	260 €	3 200 €	5 000 €	120 €	3 750 €	4 840 €
Kosten	10%	18%	11%	16%	15%	23%
Gewinn/Verlust	+ 18%	− 16%	+ 20%	+ 30%	− 8%	+ 7%

▲   1,14   1,29   3,31   4,26   4,94   4,98   12,82   18,46   33,75   34,72   89,28   94,2   97,72
    146,25   209,91   251,28   391,48   408,2   3 679,33   4 602,3   7 389,11   7 725,6

1. Berechne den Prozentwert. Runde, wenn nötig auf die übliche Stellenzahl.
a) 18 % von 290 kg   b) 37 % von 2,75 m   c) 9,5 % von 2 345 €

2. Bei einer Verkehrskontrolle werden 1 200 Fahrzeuge überprüft. Bei 102 Fahrzeugen gibt es Beanstandungen. Wie viel Prozent der überprüften Fahrzeuge werden beanstandet?

3. Von einer Rechnung über 157,50 € dürfen bei Zahlung innerhalb von 10 Tagen 2 % Skonto abgezogen werden. Wie hoch ist der ermäßigte Rechnungsbetrag?

4. Ein Sportverein hat zum Volkslauf eingeladen. Das Kreisdiagramm zeigt die Anteile der vier Wertungsgruppen.
a) Wie viele Personen nahmen insgesamt an dem Lauf teil?
b) Berechne den Prozentsatz für jede Gruppe.
c) Wie viel Prozent der Jugendlichen sind Mädchen?
d) Stelle die Anteile in einem Streifendiagramm dar.

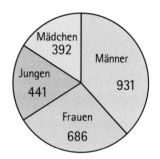

5. In einer Großstadt wird jedes Jahr ein Marathonlauf veranstaltet. In diesem Jahr nehmen 162 Frauen teil. Das sind 36 % aller teilnehmenden Personen. Wie viele Personen laufen insgesamt mit?

6. Runde auf die übliche Stellenzahl. Gib die Prozentsätze auf Zehntel genau an.

	a)	b)	c)	d)	e)	f)
Grundwert	183,75 m	40,5 kg	14,3 km	▨ l	28,4 cm	38,70 €
Prozentwert	16,80 m	▨ kg	▨ km	9,7 l	19,3 cm	▨ €
Prozentsatz	▨ %	71 %	92,3 %	45 %	▨ %	114 %

7. Zur Erstellung einer Rechnung hat ein Handwerker notiert: 5 Stunden zu 45,70 € pro Stunde und zusätzlich Materialkosten von 27,50 €. Hinzu kommt die Mehrwertsteuer von 16 %. Berechne die Gesamtkosten, die der Handwerker dem Kunden in Rechnung stellt.

8. Frau Hübel erhält einen Preisnachlass von 49,50 €, das sind 3 % des Rechnungsbetrages. Wie hoch ist der Rechnungsbetrag und wie viel muss Frau Hübel zahlen?

9. Eine Kauffrau rechnet mit 14 % Geschäftskosten und 30 % Gewinn. Der Bezugspreis für eine Lampe beträgt 45 €. Wie hoch ist der Endpreis einschließlich 16 % Mehrwertsteuer?

10. a) (3 ‰ | 1,7 ‰ | 5,5 ‰) von (12 000 € | 56 000 €)   b) (3,2 ‰ | 0,8 ‰) von (84 000 €)

11. Für eine Versicherung sind jährlich 2 Promille der Versicherungssumme zu zahlen. Wie hoch ist die Prämie bei einer Versicherungssumme von 120 000 €?

12. Herr Sigmund hat eine Hausratversicherung über 70 000 € abgeschlossen. Er muss dafür 2,5 ‰ Beitrag zahlen. Hinzu kommen 5 % des Beitrags als Versicherungssteuer. Wie hoch ist der Betrag, den Herr Sigmund an die Versicherungsgesellschaft überweisen muss?

1. Ist die Aussage richtig? Berichtige, wenn nötig.
   a) Stadt B hat 5 450 Einwohner mehr als A.
   b) Stadt B hat genau 100 % mehr Einwohner als C.
   c) Stadt C hat weniger Einwohner als die Hälfte von A.
   d) Stadt A hat 11 500 Einwohner weniger als D.
   e) In den vier Städten leben durchschnittlich etwa so viele
      Menschen wie in A.

Einwohnerzahl der Städte	
A: Altkirch	39 756
B: Bad Talgrund	45 106
C: Clausberg	22 553
D: Dombach	51 378

2. a) Gib das fehlende Maß des abgebildeten Werkstücks an und
      berechne den Umfang der Figur (Maße in Zentimetern).
   b) Wie groß ist der Flächeninhalt der Gesamtfigur?
   c) Wie viel Prozent der Gesamtfläche der Figur sind gefärbt?

3. Berechne den Flächeninhalt der gesamten Figur und der gefärbten Teilfläche (Maße in Zentimetern). Gib auch den Prozentsatz der gefärbten Teilfläche an.

   a)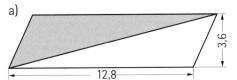
   b)
   c)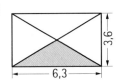

4. Tennis ist eine englische Erfindung. Ein Tennisplatz ist 26 yard lang und 12 yard breit. Wie viel
   Quadratmeter ist ein Tennisplatz groß? Beachte: 1 yard = 0,91 m.

Blut und seine Bestandteile

5. Blut besteht aus Blutplasma und Blutzellen.
   Eine Frau hat durchschnittlich $4\frac{1}{2}$ l Blut, ein
   Mann 5 l. Der Anteil an Blutplasma beträgt
   bei Frauen durchschnittlich 59 %, bei Män-
   nern 54 % des gesamten Blutes.
   a) Wie viel cm^3 Plasma hat eine Frau durch-
      schnittlich?
   b) Wie viel Prozent des Blutes einer Frau be-
      stehen aus Blutzellen? Wie viel Prozent
      des Blutes eines Mannes bestehen aus
      Blutzellen?
   c) Wie viel cm^3 Blutzellen hat eine Frau, wie
      viel cm^3 ein Mann?

6. Blutplasma besteht zu circa 92 % aus Wasser, der Rest sind Proteine.
   a) Wie viel cm^3 Wasser sind durchschnittlich
      im Blut einer Frau?
   b) Wie viel cm^3 Wasser sind durchschnittlich
      im Blut eines Mannes?
   c) Berechne, wie viel cm^3 Proteine im Blut
      einer Frau und im Blut eines Mannes sind.

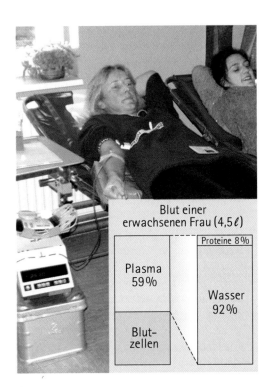

59

1. Ein Motorsegler erreicht 10 Minuten nach dem Start eine Höhe von 900 m. Danach fliegt das Flugzeug mit abgeschaltetem Motor im Segelflug. Wie viel Meter steigt der Motorsegler durchschnittlich in einer Sekunde?

2. Ein Motorsegler gleitet aus 1 200 m Höhe 10 Minuten lang bis zur Landung. Er legt dabei in einer Sekunde eine Strecke von 30 m zurück. Wie viel Meter verliert das Flugzeug im Durchschnitt in einer Sekunde an Höhe? Wie viel Kilometer legt es im Gleitflug bis zur Landung zurück?

1. Die grafische Darstellung zeigt die Höhe eines Transportflugzeugs ab dem Start. Übertrage die Tabelle in dein Heft und trage die Werte für die Flughöhe ein bis 8.30 Uhr.

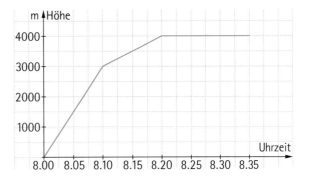

Uhrzeit	Flughöhe (m)
8.00 Uhr	0
8.05 Uhr	1 500
8.10 Uhr	

2. Wie hoch ist das Flugzeug 10 Minuten nach dem Start? Ist es nach 20 Minuten doppelt so hoch?

3. a) Lies aus der grafischen Darstellung ab, nach wie viel Minuten das Flugzeug 3 500 m hoch ist.
   b) Ist es nach der doppelten Zeit doppelt so hoch? Wie hoch ist es dann?

4. In der Tabelle stehen die gerundeten Höhenangaben für ein Flugzeug ab dem Start.
   a) Zeichne das Zeit-Höhe-Diagramm in ein Koordinatensystem. Wähle 1 cm für 1 min und 1 cm für 1 000 m Höhe.
   b) Lies im Diagramm die Höhe ab für 3 min, 5 min und 9 min.
   c) Ist das Flugzeug nach 12 Minuten doppelt so hoch wie nach 6 Minuten?
   d) Gehört zur doppelten Zeit immer die doppelte Höhe? Gib zwei Zeiten an, für die das stimmt, und zwei Zeiten, für die es falsch ist.

Zeit (min)	Höhe (m)
0	0
2	1 500
4	3 000
6	4 500
8	5 500
10	6 000
12	6 300
14	6 500

5. Ein Sportflugzeug flog von Kiel mit Zwischenlandungen in Hannover und Köln nach München. Das Diagramm zeigt die zurückgelegte Strecke ab dem Start.
   a) Wann war der Start in Kiel?
   b) Woran erkennst du im Diagramm die Zwischenlandungen in Hannover und Köln?
   c) Lies im Diagramm ab, wie viel Kilometer das Flugzeug jeweils von Kiel aus schon zurückgelegt hat. Trage Uhrzeit und Entfernung von Kiel in eine Tabelle ein.

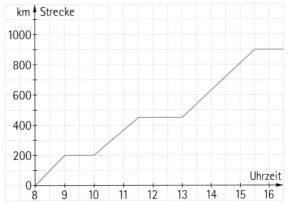

	Uhrzeit	Entfernung von Kiel
Start in Kiel	8.00	0 km
Landung in Hannover	9.00	
Start in Hannover	10.00	
Landung in Köln		
Start in Köln		
Landung in München		

6. a) Wie lange dauerte der Aufenthalt in Hannover? Wie lange dauerte der Aufenthalt in Köln?
   b) Wie lang war die Reisezeit von Kiel bis München? Wie lang war das Flugzeug in der Luft?
   c) Wo flog das Flugzeug schneller, von Kiel nach Hannover oder von Hannover nach Köln?

61

Menge	Preis
1 l	0,60 €
2 l	1,20 €
3 l	1,80 €
4 l	2,40 €
5 l	3,00 €

1. Schreibe ab und ergänze den fehlenden Preis.

a) ·2 $\left($ 1 l | 0,60 € / 2 l | ▨ € $\right)$ ·2

b) ·2 $\left($ 5 l | 3,00 € / 10 l | ▨ € $\right)$ ·2

c) :2 $\left($ 8 l | 4,80 € / 4 l | ▨ € $\right)$:2

d) :3 $\left($ 9 l | 5,40 € / 3 l | ▨ € $\right)$:3

2. Frau Seifert kauft 2 kg Erdbeeren für 4,80 €.
   a) Frau Dold kauft doppelt so viel Erdbeeren. Wie viel Euro muss sie bezahlen?
   b) Herr Romberg kauft halb so viel Erdbeeren wie Frau Seifert. Wie viel Euro zahlt er?

> **Proportionale Zuordnung:** Zum Doppelten gehört das Doppelte, zum Dreifachen gehört das Dreifache, ..., zur Hälfte gehört die Hälfte, zu einem Drittel gehört der dritte Teil, ...

▲ **3.** Übertrage die Tabelle in dein Heft. Ergänze die Werte für die proportionale Zuordnung.

a)
Anzahl	Preis (€)
2	7,00
4	▨
6	▨

b)
Zeit (h)	Kosten (€)
1	15,00
3	▨
6	▨

c)
Gewicht (g)	Preis (€)
200	2,10
400	▨
600	▨

d)
Länge (m)	Preis (€)
5	6,50
15	▨
30	▨

▲ **4.** Die Zuordnung ist proportional. Übertrage die Tabelle in dein Heft und ergänze die Werte.

a)
Anzahl	Preis (€)
12	48,00
6	▨
3	▨

b)
Menge (l)	Preis (€)
9	9,90
3	▨
1	▨

c)
Gewicht (g)	Preis (€)
1 000	10,50
500	▨
100	▨

d)
Länge (m)	Preis (€)
20	36,00
4	▨
2	▨

5. Lea und Hassan arbeiten gelegentlich im Supermarkt. Lea bekommt für 3 Stunden 18 €. Wie viel Euro verdient Hassan in 5 Stunden? Erkläre die Lösung.

	Zeit (h)	Lohn (€)
Für 3 Stunden erhält man 18 €.	3	18
Für 1 Stunde erhält man 6 €.	1	6
Fur 5 Stunden erhält man **30 €**.	5	**30**

6. Christian verdient im Getränkemarkt in 5 Stunden 25,50 €.
   Wie viel Euro verdient er   a) in einer Stunde,   b) in 7 Stunden,   c) in 12 Stunden?

7. Wie viel braucht man für sechs Personen?

a)
Erdbeermilchmix
für 2 Personen

150 g Jogurt
100 g Erdbeeren
$\frac{1}{2}$ l Milch
1 Teelöffel Zucker

b)
Quarkspeise für
4 Personen

500 g Sahnequark
80 g Zucker
250 g Himbeeren
100 ml Milch

c)
Kartoffelpuffer mit
Champignons für 4 Personen

1 000 g Kartoffeln
400 g Champignons
1 Zwiebel
1 Esslöffel Mehl

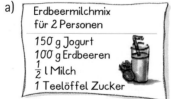

▲ 1,05   1,1   3,3   3,6   4,2   5,25   6,3   7,2   12   14   19,5   21   24   39   45   90

1. a) Zwei Dosen Kondensmilch kosten 0,80 €. Timo kauft 10 Dosen, Katrin kauft zwei Dosen mehr. Erkläre, wie Katrin den Preis für 12 Dosen berechnet.

b) Marina kauft zwei Flaschen Traubensaft für 2,80 €. Jan kauft zehn Flaschen Saft und Stefano kauft zwölf Flaschen.

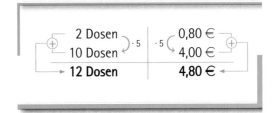

2. Eine Flasche Milch kostet 0,65 €. Berechne die Preise für:

a) 10 Flaschen und 11 Flaschen

b) 20 Flaschen und 22 Flaschen

c) 3 Flaschen, 30 Flaschen und 33 Flaschen

d) 4 Flaschen, 40 Flaschen und 44 Flaschen

3. Zwanzig Eier kosten 2,40 €. Jana kauft 32 Eier.

a) Erkläre, wie Jana gerechnet hat.

b) Berechne ebenso die Preise für 35 Eier, 42 Eier, 44 Eier und 48 Eier.

20 Eier	kosten	2,40 €
10 Eier	kosten	1,20 €
2 Eier	kosten	0,24 €
32 Eier	kosten	3,84 €

4. Von einer billigeren Sorte kosten 20 Eier 1,80 €. Berechne die Preise

a) für 10 Eier, 5 Eier und 15 Eier,

b) für 100 Eier, 50 Eier und 150 Eier.

5. In einer Gärtnerei gibt es Tomatenpflanzen. Der Gärtner hat sich eine Preisliste gemacht. Damit kann er den Preis für andere Stückzahlen schnell berechnen.

a) Schreibe die Preisliste ab. Setze fort bis zum Preis für 10 Pflanzen.

b) Gib die Preise für 20, 30, ..., 100 Pflanzen an.

Tomatenpflanzen	
1 Pflanze	0,70 €
2 Pflanzen	1,40 €
3 Pflanzen	2,10 €
4 Pflanzen	2,80 €
5 Pflanzen	3,50 €

6. Bestimme mit der Preisliste die Preise

a) für 30 Pflanzen, 4 Pflanzen und 34 Pflanzen.

b) für 20 Pflanzen, 5 Pflanzen und 25 Pflanzen.

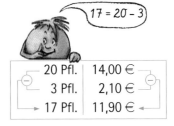

▲ **7.** Erkläre das Beispiel. Berechne ebenso die Preise.

a) 19 Pflanzen
39 Pflanzen
59 Pflanzen

b) 38 Pflanzen
58 Pflanzen
18 Pflanzen

c) 57 Pflanzen
77 Pflanzen
37 Pflanzen

20 Pfl.	14,00 €
3 Pfl.	2,10 €
17 Pfl.	11,90 €

8. Anna kauft für ihr Zimmer zwei Rollen Raufasertapete für 6,40 €.

a) Ihr Vater bestellt für die Geschäftsräume 18 Rollen der gleichen Sorte. Berechne den Preis.

b) Wie teuer sind 40 Rollen, wie teuer 38 Rollen der gleichen Sorte?

9. Am 1. August 2004 bekam man für 1 € auf der Bank 1,20 $ (US-Dollar).

a) Berechne den $-Betrag für 10 €, 9 €, 11 €, 100 €, 101 €, 99 €.

b) Berechne den $-Betrag für 200 €, 210 €, 190 €, 300 €, 290 €, 310 €.

▲ **10.** Berechne ohne Taschenrechner die Preise

a) für 10 Dosen, 11 Dosen, 9 Dosen,

b) für 20 Dosen, 21 Dosen, 19 Dosen,

c) für 30 Dosen, 33 Dosen, 27 Dosen,

d) für 100 Dosen, 110 Dosen, 111 Dosen.

Lackfarbe
Dose
5,20 €

▲ 12,6 13,3 25,9 26,6 27,3 39,9 40,6 41,3 46,8 52 53,9 57,2 98,8 104 109,2
140,4 156 171,6 520 572 577,2

1. In der Tabelle stehen Preise für Elektrokabel. Zahlt man für die doppelte Kabellänge den doppelten Preis? Gib zwei Beispiele an.

Länge (m)	Preis (€)
1	0,80
2	1,60
3	2,40
4	3,20
5	4,00
6	4,80
7	5,60

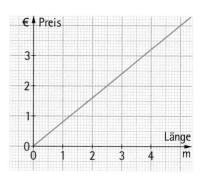

2. Die Preisgerade zeigt die Zuordnung Länge → Preis. Ergänze die Tabelle bis 12 m, dann zeichne die Preisgerade in ein Koordinatensystem.

3. a) Berechne den Preis für diese Kabellängen: 1,50 m   2,40 m   3,20 m   4,90 m
  b) Trage die zugehörigen Punkte in dein Koordinatensystem (Aufgabe 2) ein. Prüfe, ob alle Punkte auf einer Geraden liegen, die durch den Nullpunkt geht.

4. Ronja meint: „Die Darstellung für die proportionale Zuordnung: Kabellänge → Preis kann ich schon zeichnen, wenn ich nur ein einziges Wertepaar der Tabelle kenne." Hat sie Recht? Wie zeichnet Ronja die Gerade?

5. Im Kaufhaus kosten 5 m Stoff 60 €. Lies aus der Darstellung der Zuordnung Länge → Preis ab:
  a) die Preise für   3 m   2 m   4 m   1,50 m,   b) die Längen für   48 €   30 €   36 €.

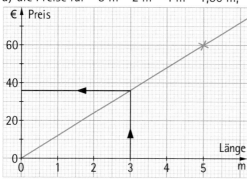 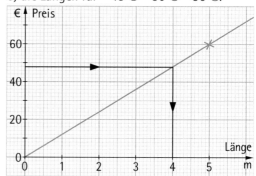

> Die Darstellung einer Zuordnung im Koordinatensystem heißt Graph.
> Für die **Darstellung einer proportionalen Zuordnung** gilt:
> Alle Punkte des Graphen liegen auf einer Geraden durch den Nullpunkt.

6. Der Lohn für eine Arbeitsstunde eines Industriearbeiters beträgt 15 €.
  a) Lege eine Zeit-Lohn-Tabelle an mit den Löhnen für 1, 2, 5, 10 und 15 Stunden.
  b) Zeichne den Graphen der Zuordnung Zeit → Lohn. Für 1 h wähle 1 cm; für 15 € wähle 1 cm.
  c) Lies den Lohn ab für eine Arbeitszeit von: 3 h   6 h   7 h   9 h   12 h
  d) Lies die Arbeitszeit ab für einen Lohn von: 60 €   120 €   150 €   180 €   225 €

7. Nadja fotografiert gern. Für 5 Farbfilmabzüge zahlt sie 2,00 €.
  a) Stelle die Zuordnung Anzahl → Preis im Koordinatensystem dar.
  b) Lies den Preis ab. Anzahl: 1 Bild   7 Bilder   9 Bilder   18 Bilder
  c) Lies die Anzahl der Bilder ab. Preis: 1,60 €   2,40 €   3,20 €   4,00 €

1. a) Prüfe den Preis auf der Tanksäule für 37,5 *l* Diesel.

b) Erstelle eine Wertetabelle für Diesel mit den Preisen für 10 *l*, 20 *l*, 30 *l*, ..., 70 *l*.

c) Erstelle ebenso Wertetabellen für Super und Superplus.

2. a) Im Koordinatensystem ist die Preisgerade für Diesel aus Aufgabe 1 dargestellt. Du kannst die Gerade zeichnen, wenn du nur ein Wertepaar kennst. Erkläre, dann übertrage die Darstellung in dein Heft. Setze fort bis 70 *l*.

b) Für 10 *l* Superbenzin zahlt man 11 €, für 10 *l* Superplus muss man 12 € zahlen. Zeichne die Preisgeraden für Super und für Superplus in dasselbe Koordinatensystem.

c) Lies in deiner Darstellung die Preise für Diesel, Super und Superplus ab. Prüfe durch Rechnung.
Menge: 20 *l*   30 *l*   40 *l*   60 *l*

d) Lies ab, wie viel Liter getankt wurden. Prüfe durch Rechnung. Super für 55 €, Superplus für 30 €, Diesel für 20 €.

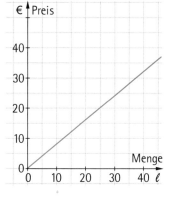

3. a) Wie viel Kraftstoff verbraucht Wagen A auf 1 km, wie viel auf 100 km?

b) Welcher Wagen hat den geringsten Kraftstoffverbrauch?

c) Wie weit kann jeder Wagen mit 1 *l* Kraftstoff fahren?

d) Zeichne ein Koordinatensystem und trage die Geraden der drei Zuordnungen Menge → Strecke ein. Runde die Werte.

Wagen	Strecke	Kraftstoff- menge
A	450 km	27 *l*
B	550 km	44 *l*
C	240 km	18 *l*

▲ 4. In 5 Stunden verdient Frau Albrecht 60 €, Herr Albrecht erhält für 3 Stunden einen Lohn von 48 €.

a) Wie viel Euro verdient Frau Albrecht in einer Stunde, wie viel Herr Albrecht? Wie hoch sind ihre Arbeitslöhne für 10 Stunden?

b) An welcher Geraden liest du den Lohn von Frau Albrecht ab, an welcher den Lohn von Herrn Albrecht?

c) Lies aus der Darstellung im Koordinatensystem ab: Wie groß ist der Lohnunterschied bei einer Arbeitszeit von 25 Stunden? Prüfe durch Rechnung.

d) Entnimm der Darstellung, wie viel Stunden Frau Albrecht länger als ihr Mann für 360 € arbeiten muss.

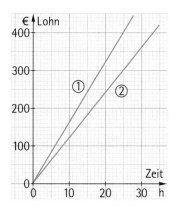

5. In 100 g Haselnüssen sind 65 g Fett und 15 g Eiweiß enthalten.

a) Stelle die Zuordnung Gewicht der Haselnüsse → Gewicht des Fetts im Koordinatensystem dar. Wähle 1 cm für 100 g.

b) Lies aus der Darstellung im Koordinatensystem ab, wie viel Gramm Fett in diesen Mengen von Haselnüssen enthalten sind: 200 g   250 g   400 g   550 g

c) Lies das Gewicht der Haselnüsse ab. Gewicht des Fetts: 100 g   200 g   300 g

d) Verfahre für den Eiweißgehalt wie in Aufgabe a) bis c). Überlege dir für die Darstellung im Koordinatensystem geeignete Längen für 100 g Gewicht.

▲ 7,5   12   16   100   120   160

1. Ayse zahlt für 5 kg Kartoffeln 3,50 €. Matthias kauft 7 kg derselben Sorte. Wie viel Euro zahlt Matthias? Erkläre die Rechenschritte in der Tabelle und am Bruchstrich.

Gewicht (kg)	Preis (€)	Rechnung am Bruchstrich
5	3,50	5
1	...	1 $\frac{3,50 \cdot 7}{5} = \mathbf{4{,}90}$
7	**4,90**	7

:5 ⤵ ⤴ :5   ·7 ⤵ ⤴ ·7

2. Herr Kersting kauft 3 Schalen Himbeeren für 5,10 €. Ronja kauft 4 Schalen Himbeeren.

3. Für 3 kg Birnen zahlt Lea 4,50 €. Igor kauft Birnen derselben Sorte für 7,50 €. Wie viel Kilogramm Birnen kauft Igor? Erkläre die Rechenschritte in der Tabelle und am Bruchstrich.

Gewicht (kg)	Preis (€)	Rechnung am Bruchstrich
3	4,50	4,50
...	1	1 $\frac{3 \cdot 7,50}{4,50} = 5$
5	7,50	7,50

4. Für 4 kg Äpfel zahlt Christian 6,40 €. Jonas kauft für 9,60 € Äpfel derselben Sorte.

5. In einem Fotogeschäft zahlt Tabea für fünf große Abzüge von einem Negativ 1,95 €. Wie teuer ist ein Abzug? Wie teuer sind   3 Abzüge,   8 Abzüge,   36 Abzüge?

6. Mareike kauft 5 Borstenpinsel für 4,35 €. Mehmet kauft Pinsel derselben Sorte und zahlt 5,22 €. Wie viele Pinsel kauft Mehmet?

7. Familie Wöhler kauft 24 m² Betonplatten für ihre Terrasse. Die Platten kosten 372 €. Familie Schmitz kauft den gleichen Belag für den Sitzplatz in ihrem Kleingarten und zahlt dafür 279 €. Wie viel Quadratmeter Platten kauft Familie Schmitz?

8. Auf verpackten Waren kann man oft das Gewicht und den Preis ablesen. Bei allen Preisschildern ist der Preis pro Kilogramm gleich.
a) Wie teuer ist 1 kg der Ware?   b) Berechne die fehlenden Werte. Runde.

▲ 9. Käse wurde in Portionen abgepackt. Eine Packung mit 280 g kostet 2,94 €.
a) Berechne den Preis. Gewicht: 100 g   200 g   250 g   175 g   370 g
b) Berechne das Gewicht. Preis: 0,84 €   1,89 €   3,57 €   4,62 €   6,09 €

10. Auf der Fahrt von Augsburg nach Würzburg (250 km) verbraucht das Auto von Frau Schubert 16 *l* Diesel. Wie viel Liter Diesel verbraucht der Wagen auf 100 km?

11. Das Auto von Herrn König verbraucht auf 100 km durchschnittlich 7,8 *l* Benzin.
a) Wie viel Liter Benzin braucht Herr König für die Fahrt von Nürnberg nach Düsseldorf (450 km)?
b) Wie weit kann Herr König mit einer Tankfüllung von 46,8 *l* fahren?

▲   1,05   1,84   2,1   2,63   3,89   80   180   340   440   580

1. Im Kopf oder schriftlich? Beachte das Beispiel.
Eine Maschine stellt in 8 Stunden 120 000 Schrauben her.
a) Wie viele Schrauben stellt die Maschine her?
   Zeit: 6 h   10 h   14 h   18 h   25 h
b) Wie viele Stunden braucht die Maschine für die Herstellung der Schrauben?
   Anzahl: 60 000 Stück   300 000 Stück   180 000 Stück

Zeit (h)	Anzahl
8	120 000
2	30 000
6	**90 000**

:4   ·3   :4   ·3

2. Elif ist schon vier Monate in der Ausbildung. Bisher hat sie 1 600 € verdient.
Wie viel Euro verdient sie   a) in 5 Monaten,   b) in 7 Monaten,   c) in einem Jahr?

3. Was ist gegeben, was wird berechnet? Rechne, dann schreibe einen Antwortsatz.

a)
Zeit (h)	Lohn (€)
16	280
8	▨
40	▨

b)
Zeit (h)	Lohn (€)
16	280
▨	70
▨	350

c)
Gewicht (g)	Preis (€)
150	4,80
50	▨
250	▨

d)
Fläche (m²)	Preis (€)
12	72
▨	24
▨	144

4. Marc verdient in 16 Stunden 144 €.
a) Wie viel Euro verdient Marc in 40 Stunden?   b) Wie viel Stunden arbeitet Marc für 720 €?

▲ **5.** a) Wie teuer sind   2 Dosen,   12 Dosen,   6 Dosen Farbe?
b) Wie viele Dosen Farbe bekommt man für   12 €,   48 €,   60 €,   72 €?

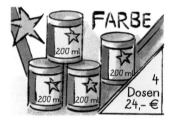

▲ **6.** a) Berechne den Preis für Schweizer Käse. Gewicht: 100 g   500 g   1 100 g
b) Wie viel Gramm Schweizer Käse bekommt man? Preis: 7 €   3,50 €   1,75 €

▲ **7.** a) Wie teuer sind so viele Flaschen Apfelsaft?   6 Flaschen   18 Flaschen   24 Flaschen
b) Wie viele Flaschen Apfelsaft sind so teuer?   4,20 €   2,10 €   6,30 €

8. Auf dem Wochenmarkt kosten 5 kg Äpfel 8,50 €.
a) Berechne die Preise für Äpfel. Gewicht: 1 kg   3 kg   6 kg   8 kg   9 kg
b) Jana zahlt 6,80 €, Boris 7,65 €. Wie viel Kilogramm Äpfel kauft Jana, wie viel Boris?

9. Berechne den fehlenden Wert der proportionalen Zuordnung.

a)
Gewicht (kg)	Preis (€)
2	4,50
1	▨

b)
Gewicht (kg)	Preis (€)
3,5	7,70
0,5	▨

c)
Gewicht (kg)	Preis (€)
1,2	72
▨	36

d)
Gewicht (kg)	Preis (€)
8,2	48
▨	12

10. Ein Maler braucht für 14 m² Wandfläche 3,5 l Farbe.
a) Wie viel Liter Farbe braucht er? Fläche: 10 m²   17 m²   27 m²   33 m²
b) Welche Fläche kann er streichen? Farbe: 4 l   5 l   1,5 l   6,3 l

▲ 1,4   2   3   4,2   6   7   8   9   10   12   12   12,6   15,4   16,8   36   72   125   250   500

1. Zwei Brunnen liefern in der gleichen Zeit unterschiedlich viel Wasser. Für jeden Brunnen ist die Zuordnung Zeit → Wassermenge im Koordinatensystem dargestellt.

a) Aus welchem Brunnen sprudelt mehr Wasser? Kannst du das im Koordinatensystem ablesen?

b) Aus dem Hirschbrunnen sprudeln 480 l Wasser in 40 min. Wo liest du das ab?

c) Lies aus der Darstellung ab, wie viel Liter Wasser jeder der Brunnen in einer Stunde liefert.

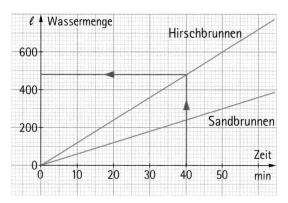

2. Die Zeit, in der 1 m³ Wasser heraussprudelt, kannst du für jeden der beiden Brunnen feststellen, indem du die Darstellung der Zuordnung Zeit → Wassermenge fortsetzt. Du kannst die Zeit aber auch berechnen. Wie lange dauert es bei jedem Brunnen?

3. Bestimme die Dauer für die Wassermengen. Rechne geschickt alle Werte aus,
a) für den Sandbrunnen,   b) für den Hirschbrunnen.
Wassermengen: 300 l 600 l 2,4 m³   3,6 m³   4,2 m³

4. Eine Wandergruppe hat in einer Stunde durchschnittlich 4 km zurückgelegt. Laura und Christoph haben dazu Darstellungen im Koordinatensystem gezeichnet.

a) Vergleiche die Geraden von Laura und von Christoph. Welche Gerade ist steiler? Kannst du den Grund dafür angeben?

b) Welchen Vorteil hat Lauras Darstellung? Hat auch Christophs Darstellung Vorteile?

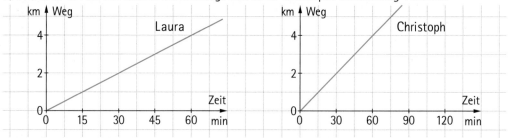

5. Lies aus einer der Darstellungen von Laura und Christoph ab oder berechne
a) den zurückgelegten Weg. Zeit: 15 min   30 min   45 min   2 h $2\frac{1}{2}$ h $4\frac{1}{2}$ h
b) die Wanderzeit. Weg: 1 km   3 km   10 km   11 km   12 km   15 km

6. Die im Foto angegebene Höchstgeschwindigkeit entspricht der durchschnittlichen Geschwindigkeit dieses Lastwagens auf der Autobahn.

a) Stelle die Zuordnung Zeit → Weg im Koordinatensystem dar. Für 1 h wähle 2 cm und für 60 km wähle 1 cm.

b) Wegstrecke? Zeit: $1\frac{1}{2}$ h   2 h $3\frac{1}{2}$ h   5 h

c) Fahrzeit? Weg: 150 km   180 km   330 km

Immer mehr Staus in den Städten

(epb) Der Berufsverkehr in den deutschen Städten nimmt immer mehr zu. Die Zahlen für eine mittlere Großstadt von der Größe Bonns sprechen für sich: Ungefähr 24 000 Arbeitnehmer verlassen jeden Morgen die Stadt, um außerhalb zu arbeiten. In der Gegenrichtung fahren rund 98 500 Pendler zu ihrem Arbeitsplatz in die Stadt. Rund drei Fünftel aller Ein- und Auspendler fahren mit dem eigenen Auto.

1. Frau Sand arbeitet in Bonn. Sie gehört zu den 98 500 Einpendlern. Was ist damit gemeint?

2. a) Wie viele Ein- und Auspendler gibt es insgesamt in Bonn? Beachte die Zeitungsmeldung.
b) Wie viel Prozent der Pendler fahren mit dem eigenen Pkw? Wie viele Pendler sind das?

3. Frau Sand braucht für die 20 km zur Arbeit oft mehr als 50 Minuten. Manchmal dauert es weitere 10 Minuten, bis sie einen Parkplatz gefunden hat. An manchen Tagen ist sie zudem noch 5 Minuten zu Fuß vom Parkplatz bis zu ihrer Arbeitsstelle unterwegs. Mit der Straßenbahn könnte sie die 18 km von zu Hause bis zur Haltestelle in der Nähe ihres Arbeitsplatzes in 30 Minuten fahren. Sie hätte dann noch 15 Minuten Fußweg.

4. Durch Verkehrszählungen wurde ermittelt, dass an jedem Arbeitstag in Bonn alle Pkw zusammen rund 3 650 000 km fahren. Wie vielen Erdumrundungen (40 000 km) entspricht das ungefähr?

5. Zwischen 7 Uhr und 8 Uhr wurde der stärkste Pkw-Verkehr gemessen.
a) Wie viel Kilometer werden in dieser Zeit in Bonn zurückgelegt?
b) Wann ist der Verkehr fast genauso groß?
c) Wann ist der Verkehr am geringsten?
d) Wann setzt nachmittags der Berufsverkehr ein?

6. Stelle die in der Zeit von 7 Uhr bis 20 Uhr gefahrenen Pkw-Kilometer in einem Säulendiagramm dar. Trage auf der waagerechten Achse die Uhrzeiten ein. Wähle auf der senkrechten Achse 1 cm für 100 000 Pkw-Kilometer.

Pkw-Verkehr an einem Arbeitstag in Bonn
3 650 000 gefahrene Kilometer
Durchschnittlicher Kraftstoffverbrauch:
8 *l* auf 100 km

Zeit		Weg	Verbrauch
von ...	bis ...	in km	in *l*
7 Uhr	8 Uhr	449 000	35 920
8 Uhr	9 Uhr	284 700	22 776
9 Uhr	10 Uhr	157 000	12 560
10 Uhr	11 Uhr	153 300	12 264
11 Uhr	12 Uhr	164 200	13 136
12 Uhr	13 Uhr	241 800	19 344
13 Uhr	14 Uhr	229 900	18 392
14 Uhr	15 Uhr	178 000	14 240
15 Uhr	16 Uhr	193 400	15 472
16 Uhr	17 Uhr	259 100	20 728
17 Uhr	18 Uhr	438 000	35 040
18 Uhr	19 Uhr	281 100	22 488
19 Uhr	20 Uhr	189 800	15 184
Summe:		3 219 300	257 544

7. a) Wie viel Liter Benzin werden an jedem Arbeitstag durch den Pkw-Verkehr in Bonn verbraucht? Wie viel Liter sind es zwischen 7 Uhr und 20 Uhr?
b) Wie viel Liter Benzin sind das in einer Arbeitswoche (5 Tage)?
c) Wie viel Liter würden jede Woche eingespart, wenn der Verbrauch nur 7 *l* für 100 km wäre?

8. Busse und Straßenbahnen könnten bis zu 20 % des Pkw-Verkehrs übernehmen. Wie viel Liter Benzin könnten dadurch eingespart werden a) an einem Arbeitstag, b) an 220 Arbeitstagen im Jahr?

1. Ein kleiner Elektrowagen legt in 4 Sekunden 1,60 m zurück.

a) Übertrage die Tabelle in dein Heft und berechne die fehlenden Werte.

b) Dividiere in der Tabelle die Weglängen durch die zugehörigen Zeiten. Was stellst du fest?

Gleiche Geschwindigkeit: Für den doppelten Weg die doppelte Zeit.

Weg (m)	▨	▨	1,2	1,6	2,0	▨
Zeit (s)	1	2	▨	4	▨	8

2. a) Übertrage das Koordinatensystem in dein Heft und ergänze die Darstellung der Zuordnung Zeit → Weg mit den Punkten für die Tabellenwerte in Aufgabe 1.

b) Lies aus der Darstellung im Koordinatensystem ab: Weglänge bei einer Zeit von 2,6 s? Zeit bei einer Weglänge von 2,5 m? Kontrolliere durch Rechnung.

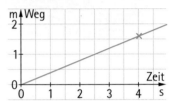

> Die **Geschwindigkeit** (gemessen in Kilometern pro Stunde) gibt an, wie viel Kilometer in einer Stunde zurückgelegt werden.
>
> $$\text{Geschwindigkeit} = \frac{\text{Weg}}{\text{Zeit}} \qquad \text{Weg} = \text{Geschwindigkeit} \cdot \text{Zeit}$$

3. a) Ein Pkw legt in 4 Stunden 300 km zurück. Wie groß ist seine Geschwindigkeit?

b) Berechne die fehlenden Werte in der Tabelle.

c) Zeichne die Darstellung der Zuordnung Zeit → Weg in ein Koordinatensystem.

Weg (km)	▨	▨	112,5	▨	187,5	225	▨	300	▨	375	▨
Zeit (h)	0,5	1	▨	2	▨	▨	3,5	4	4,5	▨	6

4. Herr Bender fährt mit einer Geschwindigkeit von 80 $\frac{km}{h}$, Frau Euler fährt mit 120 $\frac{km}{h}$.

a) Zeichne die Darstellung der Zuordnung Zeit → Weg für die beiden Fahrzeuge in ein Koordinatensystem.

b) Welche Wege legen Herr Bender und Frau Euler in $1\frac{1}{2}$ h und in $3\frac{3}{4}$ h zurück?

c) Wie lange braucht jedes der beiden Fahrzeuge für 80 km und für 120 km?

d) Nach welcher Zeit ist Frau Euler genau 100 km weiter gefahren als Herr Bender?

▲ **5.** Frau Beier möchte von Nürnberg nach Schweinfurt fahren. Die Strecke ist rund 120 km lang.

a) Welche Zeit benötigt Frau Beier bei einer Geschwindigkeit von 60 $\frac{km}{h}$?

b) Wie müsste sie ihre Geschwindigkeit verändern, um in der Hälfte der Zeit anzukommen?

c) Mit welcher Geschwindigkeit müsste ein Fahrzeug fahren, das die 120 km lange Strecke in $\frac{1}{2}$ Stunde, in $1\frac{1}{2}$ Stunden zurücklegen soll?

d) Wie lange brauchen die Fahrzeuge für die 120 km lange Strecke? Geschwindigkeit: 30 $\frac{km}{h}$ 40 $\frac{km}{h}$ 50 $\frac{km}{h}$

▲ **6.** Die Weglänge beträgt 150 km. Berechne die fehlenden Werte.

Zeit (h)	▨	1	▨	▨	2	2,4	2,5	▨	4	▨	6	10	15
Geschwindigkeit ($\frac{km}{h}$)	200	▨	125	100	▨	▨	▨	50	▨	30	▨	▨	▨

▲ 0,75   1,2   1,5   2   2,4   3   3   4   5   10   15   25   37,5   60   62,5   75   80   120
150   240

1. Max fährt mit dem ICE 680 von Augsburg nach Göttingen. Im Zug liegt ein Reiseplan aus.
   a) Wann fährt der Zug in Augsburg ab, wann ist er in Göttingen?
   b) Wie viel Stunden und Minuten dauert die Reisezeit von Augsburg nach Göttingen einschließlich des Aufenthalts auf den Bahnhöfen?
   c) Wie viel Kilometer legt der Zug von Augsburg bis Göttingen zurück?

2. a) Trage in eine Tabelle die Entfernungen zwischen den aufeinanderfolgenden Bahnhöfen und die jeweilige Reisezeit in Stunden und Minuten ein.
   b) Zwischen welchen Bahnhöfen fährt der Zug am längsten ohne planmäßigen Halt?
   c) Simone meint: „Für die 215 km von Augsburg bis Würzburg braucht der Zug 1 h 50 min, das sind 110 min = $\frac{110}{60}$ h ≈ 1,8 h." Erkläre.
   d) Gib auch die anderen Reisezeiten in Stunden an. Trage sie in deine Tabelle ein.

3. a) Erkläre die Berechnung der durchschnittlichen Geschwindigkeit zwischen Augsburg und Würzburg.
   b) Bestimme ebenso für die anderen Teilstrecken die Durchschnittsgeschwindigkeit.
   c) Wie lange würde der ICE 680 für die Strecke Augsburg–Göttingen brauchen, wenn er immer mit derselben Durchschnittsgeschwindigkeit fahren könnte wie auf der Strecke Würzburg–Fulda?

4. Zur Fahrt des ICE 680 von Augsburg nach Göttingen wurde ein Graph gezeichnet.
   a) Was wurde auf der waagerechten Achse abgetragen, was auf der senkrechten Achse?
   b) Wie weit ist der Zug seit der Abfahrt in Augsburg bis 10.00 Uhr gefahren?
   c) Lies ab, um wie viel Uhr der Zug die ersten 100 km ab Augsburg zurückgelegt hat.
   d) Wie erkennst du am Graphen, ob der Zug auf einem Teilstück mit einer höheren Durchschnittsgeschwindigkeit gefahren ist als auf einem anderen Teilstück? Begründe deine Antwort.

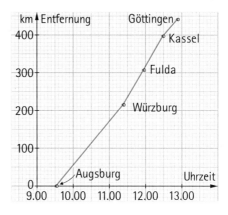

1. Frau Wieland erhält die Jahresabrechnung für Wasser von den Versorgungsbetrieben.
a) Wie viel Kubikmeter Wasser wurden im Haushalt von Frau Wieland verbraucht?
b) Wie viel Euro zahlt Frau Wieland für 1 m³ Wasser?

VB – Ihre Versorgungsbetriebe							*Jahresabrechnung für Wasser*	
Zählerstand alt	neu	Verbrauch m³	Preis pro m³	Verbrauchs- preis	Grund- preis	Gesamt- preis	Mehrwert- steuer	Rechnungs- betrag
115	290	175	1,90 €	332,50 €	48 €	380,50 €		

2. a) Wie wird der Verbrauchspreis für Wasser berechnet?
b) Zusätzlich zum Verbrauchspreis wird unabhängig von der Höhe des Verbrauchs ein Grundpreis in Rechnung gestellt. Erkläre, wie sich der Gesamtpreis und der Rechnungsbetrag ergeben. Wie hoch ist der Rechnungsbetrag für Frau Wieland?

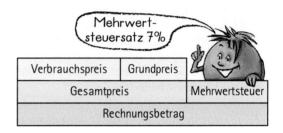

3. a) Familie Schneider wohnt in derselben Stadt wie Frau Wieland. Die Familie hat im vergangenen Jahr 234 m³ Wasser verbraucht. Berechne den Gesamtpreis und den Rechnungsbetrag, den Familie Schneider für Wasser zahlen muss.
b) Herr Albers hat nur halb so viel Wasser verbraucht wie Familie Schneider. Muss Herr Albers nur halb so viel bezahlen wie Familie Schneider? Wie viel muss er bezahlen?

4. Die Versorgungsbetriebe einer Großstadt berechnen für einen Kubikmeter Wasser 2,50 €. Der Grundpreis für ein Jahr beträgt 120 €. Erkläre die Rechnung und ergänze die Tabelle bis 300 m³.

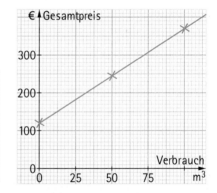

Verbrauch — ·2.5 → Verbrauchspreis — +120 → Gesamtpreis		
Verbrauch	Verbrauchspreis	Gesamtpreis
0 m³	0 €	120 €
50 m³	125 €	245 €
100 m³	250 €	370 €
150 m³	375 €	495 €

5. a) Lies aus der Darstellung im Koordinatensystem den Gesamtpreis ab.
   Verbrauchte Menge: 40 m³   80 m³   100 m³
b) Lies ab, wie viel Wasser verbraucht wurde. Gesamtpreis: 200 €   300 €   320 €
c) Zeichne zu deiner Tabelle (Aufgabe 4) eine Darstellung im Koordinatensystem.

6. Im Foto-Markt kostet die Entwicklung eines Films 1,40 €. Jeder Abzug kostet 0,19 €. Wie viel Euro muss Annika für die Entwicklung und die Abzüge bezahlen?
a) 10 Abzüge   b) 20 Abzüge   c) 30 Abzüge   d) 15 Abzüge

7. Schrauben werden in Kisten verpackt. Jede Schraube wiegt 40 g, jede leere Kiste 1,5 kg.
a) Wie schwer sind gefüllte Kisten mit 100 Schrauben, 200 Schrauben, 300 Schrauben?
b) Ist die Zuordnung Anzahl der Schrauben → Gewicht der gefüllten Kiste proportional?

1. Um einen Schrank zu transportieren, mietet Herr Alt einen Kleintransporter. Er muss eine Grundgebühr und Kilometergeld bezahlen. Die Grundgebühr beträgt 30 €, der Preis pro Kilometer beträgt 0,50 €.
   a) Lege eine Tabelle für den Gesamtpreis an.
      Gefahrene Kilometer: 100 km   150 km   200 km   250 km   300 km
   b) Zeichne zu der Tabelle eine Darstellung im Koordinatensystem. Für 50 km wähle 1 cm auf der Rechtsachse, für 20 € wähle 1 cm auf der Hochachse.
   c) Lies aus der Darstellung den Gesamtpreis für 175 km ab. Kontrolliere durch eine Rechnung.
   d) Begründe: Die Zuordnung gefahrene Kilometer → Gesamtpreis ist nicht proportional.

2. a) Wie viel Kilometer sind es insgesamt?   b) Wie lange dauert die gesamte Radtour?

3. Im Internet konnte man im April 2004 Handytarife für Teenies finden. Die Gesprächsgebühren in den Tarifen Easy und Sunny gelten je angefangenen Takt zu 10 Sekunden.
   a) Welchen Tarif würdest du wählen, wenn du überwiegend ins eigene Netz telefonierst?
   b) Welcher Tarif ist wohl für Personen günstiger, die sehr viel ins Festnetz telefonieren?

Tarif **Easy**

	Festnetz City	Eigenes Netz
Tagsüber	0,87 €	0,15 €
Abends	0,36 €	0,15 €
Wochenende	0,08 €	0,15 €

Keine Grundgebühr
Jede SMS: 0,18 €

Tarif **Sunny**

	Festnetz City	Eigenes Netz
Tagsüber	0,09 €	0,29 €
Abends	0,09 €	0,19 €
Wochenende	0,09 €	0,19 €

Grundgebühr pro Monat: 12,95 €
Jede SMS: 0,19 €

▲ 4. Tatjana telefoniert zum Tarif Sunny. Im letzten Monat hat sie 40 Takte zu je 10 s abends ins Festnetz und 20 Takte tagsüber im eigenen Netz telefoniert. Außerdem hat sie 80 SMS verschickt. Wie hoch war ihre Rechnung einschließlich Grundgebühr?

▲ 5. Berechne die monatlichen Kosten bei beiden Tarifen Easy und Sunny. Berücksichtige auch die Grundgebühr. Wie viel Euro spart der Kunde, wenn er den günstigeren Tarif gewählt hat?

a)
Sandra
Ins Festnetz: tagsüber
80 Takte, abends 10
Takte
Im eigenen Netz: abends
10 Takte

b)
Frau Lorini
Ins Festnetz: tagsüber
30 Takte, am Wochenende 25 Takte
Im eigenen Netz: abends
20 Takte

c)
Herr Wagner
Im eigenen Netz: tagsüber 200 Takte, am Wochenende 15 Takte
Außerdem 40 SMS

▲ 9,4   21,7   22,95   31,1   37,55   39,45   41,95   51,75   74,7   81,4

1. Es gibt viele Handytarife. Die Gesprächsgebühren in der Tabelle gelten für Gespräche von einer Minute im eigenen Netz. Dabei wird von Beginn an sekundengenau abgerechnet. Wie teuer ist in jedem Tarif ein Gespräch von 75 s Dauer
   a) zur Hauptzeit,   b) zur Nebenzeit?

Handytarife		
	Goody	Free
Grundgebühr	5,00 €	20,00 €
Hauptzeit	0,60 €	0,24 €
Nebenzeit	0,36 €	0,12 €

2. Johanna hat mit dem Computer eine Tabelle für Gesprächsgebühren im Tarif Goody erstellt.
   a) In der Spalte A steht die Dauer des Gesprächs. In welchen Zellen liest du die Gebühren ab?
   b) Erkläre den Rechenbefehl in Zelle C6. Prüfe das berechnete Ergebnis.
   c) Wie lautet der Rechenbefehl für Zelle D6?
   d) Erstelle mit dem Computer oder mit dem Taschenrechner Tabellen bis 150 s für die Gebühren, die im Tarif Goody und im Tarif Free zu bezahlen sind.

	A	B	C	D
1	Tarif Goody		Kosten in € pro Minute	
2			Hauptzeit	Nebenzeit
3			0,6	0,36
4	Dauer			
5	15 s		0,15	0,09
6	30 s		0,3	0,18
7	45 s		0,45	0,27

$$= C3 * A6/60$$

3. a) Die Darstellung ① zeigt die Gesprächsgebühren im Tarif Goody in der Hauptzeit. Woran kannst du das erkennen?
   b) Welche Darstellung gehört zum Tarif Free in der Hauptzeit, welche in der Nebenzeit?

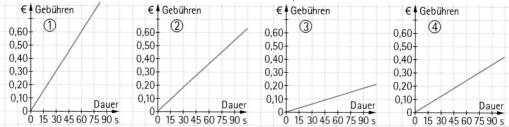

4. Zu den Gesprächsgebühren kommt auf der Rechnung immer noch die Grundgebühr hinzu.
   a) Herr Morlock telefoniert mit seinem Handy nur beruflich und in der Hauptzeit. Er rechnet mit einer monatlichen Gesprächsdauer von 100 Minuten im eigenen Netz. Lies am Graphen ab, wie viel Euro er im Tarif Goody bezahlen müsste.
   b) Für Herrn Morlock ist der Tarif Free günstiger. Wo liest du das in der grafischen Darstellung ab?
   c) Wem würdest du den Tarif Free empfehlen, wem den Tarif Goody? Begründe deine Empfehlung.

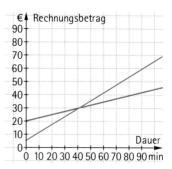

5. Viele Personen nutzen ihr Handy nur in der Nebenzeit und für Gespräche im eigenen Netz.
   a) Erstelle dazu eine grafische Darstellung, aus der du die Gebühren einschließlich Grundgebühr für eine Gesprächsdauer bis 100 Minuten in den Tarifen Goody und Free ablesen kannst.
   b) Lies aus deiner Darstellung die Gebühren einschließlich Grundgebühren ab für die Tarife Goody und Free. Gesprächsdauer in der Nebenzeit: 10 min   20 min   1 h   1 h 15 min

1. Die beiden Diagramme zeigen, wie die Rundfunk- und Fernsehgebühren seit 1988 erhöht wurden. In welchem Diagramm erscheint der Anstieg besonders groß? Woran liegt das wohl?

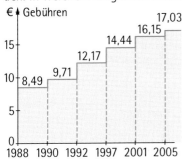
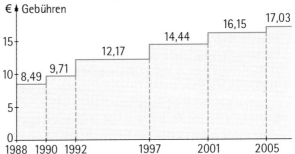

2. a) Um wie viel Euro stiegen die Gebühren für Rundfunk und Fernsehen von 1988 bis 2005? In welchem der beiden Diagramme sieht man die Erhöhung besser?

b) Was könnte mit dem linken Diagramm bezweckt werden, was mit dem rechten?

3. Sandra und Boris sollten berechnen, um wie viel Prozent die Gebühren seit 1988 stiegen.

a) Boris hat als Grundwert immer die Gebühren von 1988 verwendet. Prüfe nach und ergänze.

b) Hat Sandra auch immer mit demselben Grundwert gerechnet? Welche Beträge hat sie für den Grundwert eingesetzt? Ergänze ihre Tabelle bis 2005.

Boris:

Jahr	1988	1990	1992	1997	2001
Gebühren (€)	8,49	9,71	12,17	14,44	16,15
Erhöhung (€)		1,22	3,68	5,95	7,66
Prozentsatz		14%	43%	70%	90%

Sandra:

Jahr	1988	1990	1992	1997	2001
Gebühren (€)	8,49	9,71	12,17	14,44	16,15
Erhöhung (€)		1,22	2,46	2,27	1,71
Prozentsatz		14%	25%	19%	12%

4. Sandra: „Die prozentuale Erhöhung seit 1988 erhalte ich, wenn ich die Prozentsätze addiere."

a) Welchen Prozentsatz erhält Sandra für die Erhöhung von 1988 bis 2001?

b) Überschlage, ob Sandras Prozentsatz tatsächlich die Erhöhung von 1988 bis 2001 angibt.

5. In der Zeitung steht: „Gebührenerhöhungen sinken seit 1992 immer mehr. Im Jahre 2001 betrug die Erhöhung weniger als 50% der Erhöhung von 1992." Was könnte damit gemeint sein?

6. In den beiden Säulendiagrammen ist dargestellt, wie hoch die Gebühreneinnahmen des ZDF von 1997 bis 2002 waren. Die beiden Diagramme wirken verschieden.

a) Frau Dollinger meint: „Einem Diagramm entnehme ich eine kräftige Steigerung der Gebühreneinnahmen." Welches Diagramm meint Frau Dollinger?

b) Welches Diagramm gibt die Gebühreneinnahmen korrekt wieder? Begründe deine Antwort.

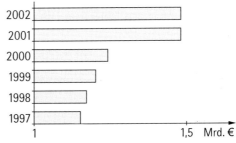

1. Schaubilder und Diagramme kannst du selbst zeichnen oder am Computer erstellen. Moritz hat in einer Zeitschrift Angaben darüber gefunden, wie sich der Verkaufspreis einer CD zusammensetzt. Er hat die Beträge in eine Tabelle eingegeben und möchte dazu mit dem Computer ein Diagramm zeichnen.

a) Wer erhält den in Zelle C4 angegebenen Teilbetrag?

b) Wie hoch ist der Anteil für den Künstler? In welcher Zelle steht dieser Betrag?

c) Die Summe der Teilbeträge soll in Zelle C9 erscheinen. Wie lautet dafür der Rechenbefehl? Wie hoch ist der Verkaufspreis der CD?

	A	B	C
1	Einzelhandel		3,76
2	Großhandel		3,34
3	Aufnahmetechnik		3,01
4	Musikkonzern		2,39
5	Mehrwertsteuer		2,49
6	Gema		1,08
7	Künstler		0,72
8	Herstellung		0,61
9	Verkaufspreis		

2. Der Computer bietet verschiedene Arten von Diagrammen an. Welche Diagramme würdest du wählen, um die Aufteilung des Verkaufspreises einer CD darzustellen? Welche Diagramme hältst du für weniger gut geeignet? Begründe deine Antwort.

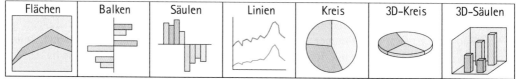

| Flächen | Balken | Säulen | Linien | Kreis | 3D-Kreis | 3D-Säulen |

3. Moritz hat ein Kreisdiagramm gewählt.

a) Trage die Beträge in eine Tabelle ein.

b) Ist die Summe der Teilbeträge der Verkaufspreis der CD aus Aufgabe 1?

c) Wie viel Prozent des Verkaufspreises entfallen auf den Einzelhandel? Gib den Rechenbefehl für die Tabellenkalkulation an und rechne mit dem Computer oder verwende den Taschenrechner.

d) Berechne mit dem Computer oder mit dem Taschenrechner für jeden der übrigen Teilbeträge den prozentualen Anteil am Verkaufspreis der CD.

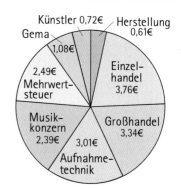

4. Aus dem Internet wird immer mehr Musik heruntergeladen. In der Tabelle steht, wie viele Songs heruntergeladen wurden.

a) Stelle die Daten in einem geeigneten Diagramm dar. Verwende einen Computer oder zeichne selbst.

b) Ist für die Darstellung auch ein Kreisdiagramm geeignet? Begründe deine Antwort.

1999	141 Mio.
2000	316 Mio.
2001	492 Mio.
2002	622 Mio.

5. In dem Diagramm ist dargestellt, wie viel Millionen Euro in Deutschland in den Jahren von 1994 bis 2002 für Tonträger ausgegeben wurden.

a) Gib die Daten in eine Tabelle in den Computer ein.

b) Stelle die Daten zuerst in einem 3D-Säulendiagramm und dann in einem Liniendiagramm dar. Welche Darstellung findest du besser?

c) Gibt es andere Arten von Diagrammen, die für die Darstellung geeignet sind?

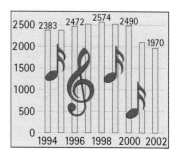

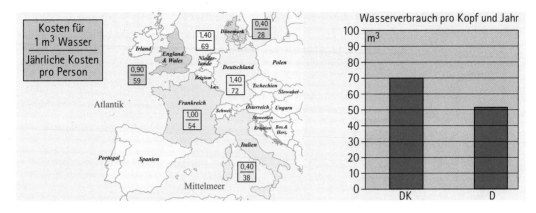

1. Der Karte kannst du entnehmen, wie viel Euro 1 m³ Wasser in einigen europäischen Ländern kostet und wie hoch die jährlichen Kosten für Trinkwasser pro Person sind. Damit lässt sich berechnen, wie viel Kubikmeter Wasser eine Person in einem Jahr verbraucht.
   a) Berechne, wie viel Kubikmeter Wasser pro Kopf und pro Jahr in den angegebenen europäischen Ländern verbraucht werden.
   b) Wie viel Liter Wasser werden in jedem Land von einer Person pro Tag verbraucht?
   c) Prüfe die Höhe der Säulen, dann übertrage das angefangene Säulendiagramm in dein Heft und ergänze die Säulen für die übrigen Länder.

2. Die Darstellung im Koordinatensystem zeigt die zeitliche Entwicklung des Wasserverbrauchs in Deutschland pro Person und Tag.
   a) Welche Werte kannst du für 1950, 1964, 1971 und 1983 ablesen?
   b) Bestimme den höchsten Wert. Um wie viel Prozent ist er größer als der Wert von 1950?
   c) Gib Zeiträume an, in denen der Wasserverbrauch gestiegen bzw. gesunken ist. Gib mögliche Ursachen dafür an.

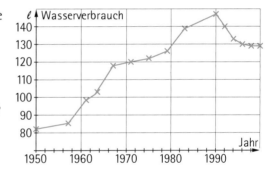

3. Jeder Einwohner Deutschlands verbraucht täglich etwa 130 l Trinkwasser. Davon werden benötigt: 21 % für Waschen und Putzen, 2 % für Trinken und Kochen, 6 % für Geschirrspülen, 37 % für Körperpflege, 31 % für die Toilettenspülung und 3 % für die Gartenbewässerung.
   a) Berechne, wie viel Liter Wasser auf die verschiedenen Verbrauchsarten entfallen.
   b) Wie viel Liter Wasser verbraucht eine vierköpfige Familie allein für Körperpflege und Toilettenspülung im Jahr? Wie viel Kubikmeter Wasser sind das?
   c) Wie viel Kubikmeter Wasser verbraucht die gesamte Bevölkerung Deutschlands (etwa 82 Mio. Menschen) im Jahr? Vergleiche: Der Starnberger See hat rund 3 Mrd. Kubikmeter Wasser.

4. In den 90er Jahren lag die jährliche Wasserförderung in Deutschland bei 47,9 Mrd. Kubikmetern.
   a) Von dieser Menge stammten 30,0 Mrd. m³ aus Grundwasser, 13,8 Mrd. m³ aus Oberflächenwasser und 4,1 Mrd. m³ aus Quellwasser. Wie viel Prozent der Gesamtmenge waren es jeweils? Stelle die Prozentsätze in einem Kreisdiagramm dar.
   b) Von den geförderten Wassermengen verbrauchte die Elektrizitätswirtschaft 60 %, die Landwirtschaft 3 %, die privaten Haushalte 14 % und das produzierende Gewerbe 23 %. Wie viel Kubikmeter waren es jeweils? Stelle die Prozentsätze in einem Streifendiagramm dar.

1. Aus einem Wasserhahn läuft Wasser gleichmäßig in ein Gefäß. Alle 10 Sekunden wird die Füllhöhe abgelesen. Die Zuordnung Zeit → Füllhöhe ist proportional. Übertrage die Wertetabelle dieser Zuordnung in dein Heft. Ergänze sie bis 100 s.

Zeit (s)	Füllhöhe (cm)
0	0
10	5
20	10
30	▨
40	▨
50	▨

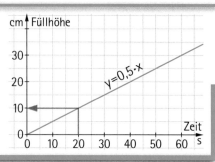

▲ 2. a) Erkläre an der Tabelle in Aufgabe 1: Die Füllhöhe (in Zentimetern) erhältst du durch Multiplizieren der Zeit (in Sekunden) mit 0,5.
b) Lies die Füllhöhe ab. Prüfe durch Rechnung.
Zeit: 24 s   38 s   52 s   64 s
c) Lies die Zeit ab. Prüfe durch Rechnung.
Füllhöhe: 10 cm   15 cm   24 cm   28 cm

Füllhöhe = 0,5 · Zeit

Zeit: 24 s
Rechnung: 0,5 · 24
Füllhöhe: 12 cm

3. Vor Beginn der Messung steht das Wasser 5 cm hoch. Nun läuft gleichmäßig Wasser dazu. Für die Gesamthöhe des Wasserstandes gilt: Gesamthöhe = Füllhöhe + 5 cm.
a) Berechne die Gesamthöhe für 0 s, 10 s, ..., 40 s. Kontrolliere die Werte am Graphen.
b) Für 20 s ist die Gesamthöhe 15 cm. Prüfe: Zur doppelten Zeit gehört nicht die doppelte Gesamthöhe. Gib die Gesamthöhe für die doppelte Zeit an.

Zuordnung:
Zeit → Gesamthöhe

Gesamthöhe = 0,5 · Zeit + 5
Zeit in Sekunden
Gesamthöhe in Zentimetern

Beispiel für 20 Sekunden:
0,5 · 20 + 5 = 15
Gesamthöhe: 15 cm

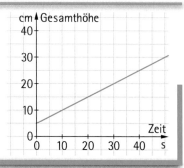

4. Bei einem anderen Gefäß gilt: Gesamthöhe = 0,25 · Zeit + 2
a) Berechne die Gesamthöhe. Zeit: 20 s   40 s   50 s   60 s   80 s   100 s
b) Joana liest die Gesamthöhe 25 cm ab. Wie viel Sekunden lang lief das Wasser?
c) Das Gefäß ist 50 cm hoch. Wie viele Sekunden dauert es, bis das Gefäß voll ist?
d) Um wie viel Zentimeter nimmt die Gesamthöhe zu, wenn die Zeit um 20 s zunimmt?

> Die Zuordnung Zeit → Gesamthöhe ist ein Beispiel für eine **lineare Funktion**. Der Graph einer linearen Funktion ist eine Gerade.

▲   12   19   20   26   30   32   48   56

1. Max lässt Wasser gleichmäßig in jedes der drei Gefäße laufen und misst alle 10 s den Wasserstand. Zur Zuordnung
Zeit → Wasserstand zeichnet er jeweils einen Graphen.
a) Welcher Graph gehört zu dem größten Gefäß?
b) Erstelle zu jedem Graphen eine Wertetabelle mit den
   Werten für 10 s, 20 s, 30 s, 40 s, 50 s.
c) Bestimme für jedes der drei Gefäße den Wasserstand.
   Zeit: 15 s   25 s   35 s   45 s

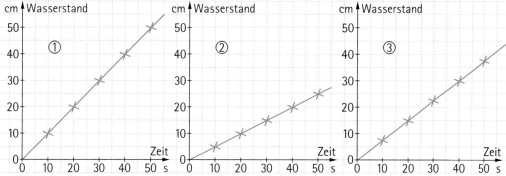

2. Irina lässt dreimal nacheinander Wasser in dasselbe Gefäß laufen und liest alle 10 Sekunden den
Wasserstand ab. Zur Zuordnung Zeit → Wasserstand zeichnet sie jeweils den Graphen.
a) Bei welchem Experiment war zu Beginn am meisten Wasser im Gefäß? Wie kannst du das an
   den Graphen erkennen?
b) Erstelle zu jedem Graphen eine Wertetabelle mit den Werten zu 0 s, 10 s, 20 s, 30 s, 40 s.
c) Um wie viel Zentimeter steigt jeweils alle 10 Sekunden der Wasserstand?
d) Gehört zur doppelten Zeit der doppelte Wasserstand?
e) Woran erkennst du, bei welchem Experiment der Wasserhahn am weitesten aufgedreht war?
   Entscheide und begründe.

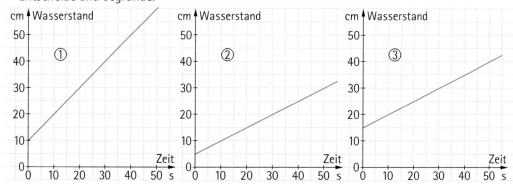

▲ **3.** Ein Aquarium wurde zur Reinigung teilweise geleert, bis das Wasser nur noch 3 cm hoch stand.
Jetzt wurden 40 *l* Wasser eingefüllt und das Wasser steht 9 cm hoch.
a) Zeichne den Graphen der Zuordnung Füllmenge → Wasserstand bis zur Füllmenge 100 *l*.
   Wähle 1 cm für 10 *l* Füllmenge.
b) Lies am Graphen die Höhe des Wasserstands ab. Dann berechne die Höhe des Wasserstands.
   Vergleiche mit den abgelesenen Werten. Füllmenge: 10 *l*   20 *l*   50 *l*   80 *l*
c) Lies am Graphen ab, wie viel Liter Wasser in das Aquarium eingefüllt wurden. Prüfe durch
   Rechnung. Wasserstand: 6 cm   7,5 cm   9 cm   12 cm   15 cm

▲ 4,5   6   10,5   15   20   30   40   60   80

1. Übertrage in dein Heft. Ergänze die fehlenden Werte für die proportionale Zuordnung.

a)
Anzahl	Preis (€)
5	7,50
10	▨
20	▨

b)
Länge (m)	Preis (€)
2	1,40
▨	2,80
▨	14,00

c)
Zeit (h)	Lohn (€)
3	36,60
9	▨
30	▨

d)
Gewicht (g)	Preis (€)
300	1,20
▨	3,60
▨	12,00

2. Hier sind Preise für Käse angegeben. Berechne den Preis für 500 g von jeder Sorte.

Sorte	Ziegenkäse	Tilsiter	Edamer	Hüttenkäse	Gouda	Kräuterkäse
Gewicht	250 g	100 g	125 g	1 kg	200 g	300 g
Preis	4,85 €	1,06 €	1,48 €	9,90 €	2,48 €	4,26 €

3. Emine zahlt für 5 Flaschen Cola 4,25 €. Wie viel Euro kosten 3 Flaschen Cola?

4. Berechne den fehlenden Wert für die proportionale Zuordnung.

a)
Gewicht (kg)	Preis (€)
5	6,50
3	▨

b)
Gewicht (kg)	Preis (€)
2,5	4,50
3,5	▨

c)
Zeit (h)	Weg (km)
4	480
▨	720

d)
Stück	Länge (m)
36	540
▨	375

5. Der Graph zeigt Preise für Vorhangstoff.
   a) Lies die Preise ab. Stofflänge:
      1 m 2 m 4 m 6 m 2,50 m
   b) Ist die Zuordnung Länge → Preis proportional? Begründe deine Antwort.
   c) Berechne die Preise für Vorhangstoff.
      Längen: 3 m 10 m 13 m 20 m 6,5 m
   d) Wie viel Meter Vorhangstoff bekommt man?
      Runde auf Zentimeter, wenn nötig.
      Preis: 100 € 125 € 17,50 € 62,90 €

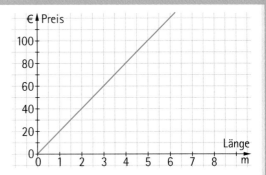

6. Ein 10 m langes Seil kostet 15 €.
   a) Zeichne den Graphen der Zuordnung Länge → Preis in ein Koordinatensystem.
   b) Lies an deinem Graphen die Preise ab für 5 m, 8 m, 12 m und 18 m.
   c) Wie lang sind die Seile für 4,50 €, 7,50 € und 13,50 €?

7. Das Wasserwerk berechnet einen jährlichen Grundpreis von 48 € und 2,00 € für jeden verbrauchten Kubikmeter Wasser.
   a) Familie Becker verbraucht im Jahr 165 m³ Wasser. Wie hoch ist der Gesamtpreis?
   b) Familie Daume verbraucht doppelt so viel Wasser wie Familie Becker. Ist der Gesamtpreis doppelt so hoch wie bei Familie Becker? Wie hoch ist er?

8. Herr Altenburg mietet einen Wagen zum Tarif FAIR. Er besucht einen Kollegen und fährt hin und zurück 175 km. Wie viel Euro zahlt er?

9. Frau Steinert hat einen Wagen zum Tarif FUN gemietet. Als sie den Wagen wieder abgibt, ist sie 350 km gefahren. Wie viel Euro zahlt sie?

Autovermietung

Tarif **FAIR**
Grundpreis 45 €
0,18 € für jeden gefahrenen km

Tarif **FUN**
Grundpreis 65 €
0,12 € für jeden gefahrenen km

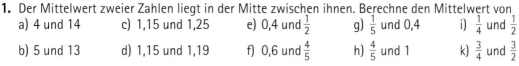

1. Der Mittelwert zweier Zahlen liegt in der Mitte zwischen ihnen. Berechne den Mittelwert von
   a) 4 und 14
   b) 5 und 13
   c) 1,15 und 1,25
   d) 1,15 und 1,19
   e) 0,4 und $\frac{1}{2}$
   f) 0,6 und $\frac{4}{5}$
   g) $\frac{1}{5}$ und 0,4
   h) $\frac{4}{5}$ und 1
   i) $\frac{1}{4}$ und $\frac{1}{2}$
   k) $\frac{3}{4}$ und $\frac{3}{2}$

2. Rechne im Kopf. Ergänze eine passende Aufgabe.

a) $0,5 \cdot 40$	b) $0,2 \cdot 50$	c) $120 : 4$	d) $4,8 : 6$	e) $\frac{1}{2}$ von $1\,000$ g	f) $\frac{1}{2}$ von $0,8$ kg
$1 \cdot 20$	$1 \cdot 10$	$60 : 2$	$9,6 : 12$	$\frac{1}{3}$ von $1\,500$ g	$\frac{1}{4}$ von $1,6$ kg
$2 \cdot 10$	$5 \cdot 2$	$30 : 1$	$19,2 : 24$	$\frac{1}{4}$ von $2\,000$ g	$\frac{1}{8}$ von $3,2$ kg
$4 \cdot 5$	$25 \cdot 0,4$	$15 : 0,5$	$38,4 : 48$	$\frac{1}{5}$ von $2\,500$ g	$\frac{1}{16}$ von $6,4$ kg

3. Marleen hat aufgeschrieben, wie lange sie für ihre Hausaufgaben gebraucht hat.

Montag	Dienstag	Mittwoch	Donnerstag	Freitag
50 min	$\frac{3}{4}$ h	$1\frac{1}{2}$ h	30 min	$\frac{1}{4}$ h

   a) Wie viele Stunden und Minuten hat Marleen in der Woche für die Hausaufgaben gebraucht?
   b) Wie lange hat Marleen durchschnittlich pro Tag für die Hausaufgaben gebraucht?

4. Auf eine Stellenausschreibung meldeten sich 120 Personen bei einer Firma. Nach einer Prüfung wurden $\frac{3}{4}$ von ihnen eingestellt. Nach einem Jahr wechselte jede dritte der eingestellten Personen den Arbeitsplatz und verließ die Firma.
   a) Wie viele der 120 Personen verblieben bei der Firma? Wie viel Prozent von 120 waren das?
   b) Wie viel Prozent der eingestellten Personen blieben länger als ein Jahr in der Firma?

5. a) Zeichne eine Raute, deren Diagonalen 8 cm und 6 cm lang sind.
   b) Berechne den Flächeninhalt der Raute.
   c) Miss die Seitenlänge der Raute und berechne den Umfang.
   d) Hat eine Raute, deren Diagonalen doppelt so lang sind, den doppelten Flächeninhalt? Hat sie den doppelten Umfang?

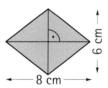

6 cm

8 cm

Ortsdurchfahrt

6. In Schönwald gilt eine Geschwindigkeitsbegrenzung. Herr Kersting beachtet sie genau.
   a) Wie viel Meter legt sein Auto pro Minute zurück?
   b) Fährt Herr Kersting pro Sekunde mehr als 8 m?

7. Herr Kersting braucht 5 Minuten, um mit gleich bleibender Geschwindigkeit durch den Ort zu fahren.
   a) Wie lang ist die Ortsdurchfahrt?
   b) Im vorigen Jahr durfte der Ort noch mit einer Geschwindigkeit von 50 $\frac{km}{h}$ durchfahren werden. Wie viel Minuten dauerte die Ortsdurchfahrt im vorigen Jahr?
   c) Die Zahl der Unfälle liegt in diesem Jahr mit 56 um 20 % unter der Zahl des vorigen Jahres. Wie viele Unfälle ereigneten sich im vorigen Jahr?

5. Geometrische Körper

1. Welche Körperformen erkennst du an dem Messeturm in Frankfurt am Main?

2. Welche Form hat die Spitze des Turmes?

3. Skizziere die Spitze des Turmes genau von oben.

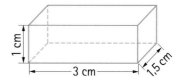

1. Hier ist das Schrägbild eines Quaders gezeichnet.
   a) Senkrechte und waagerechte Kanten sind in wahrer Länge gezeichnet. Welche Kanten sind es?
   b) Senkrecht nach hinten laufende Kanten sind verkürzt und unter einem Winkel von 45° gezeichnet. Welche sind es?

2. Erkläre, wie das Schrägbild gezeichnet wird. Der Quader ist 2 cm lang, 1,5 cm breit, 1 cm hoch.

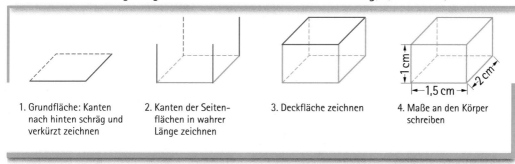

1. Grundfläche: Kanten nach hinten schräg und verkürzt zeichnen
2. Kanten der Seitenflächen in wahrer Länge zeichnen
3. Deckfläche zeichnen
4. Maße an den Körper schreiben

3. Zeichne Schrägbilder des Quaders in zwei verschiedenen Lagen. Bemaße deine Zeichnungen.
   Kantenlängen: a) 4 cm, 5 cm, 3 cm   b) 8 cm, 6 cm, 3 cm   c) 4 cm, 4 cm, 7 cm

4. Zeichne das Schrägbild eines Würfels. Kantenlänge: a) 4 cm   b) 6,8 cm   c) 9,2 cm

5. Zeichne das Schrägbild des Dreiecksprismas mit a = 6 cm, b = 4 cm, c = 7 cm so, dass die Dreiecksfläche vorne liegt. Die Körperhöhe k beträgt 4 cm. Bemaße deine Zeichnung.

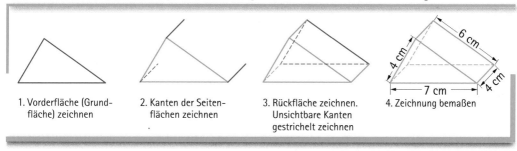

1. Vorderfläche (Grundfläche) zeichnen
2. Kanten der Seitenflächen zeichnen
3. Rückfläche zeichnen. Unsichtbare Kanten gestrichelt zeichnen
4. Zeichnung bemaßen

6. Wenn die Dreiecksfläche unten liegt, ist das genaue Zeichnen des Schrägbilds schwierig. Meist genügt eine Schrägbildskizze, bei der das Dreieck nicht genau konstruiert werden muss. Erkläre, dann zeichne ebenso. Bemaße deine Zeichnung (Maße: a = 3 cm, b = 4 cm, c = 6 cm, k = 2 cm).

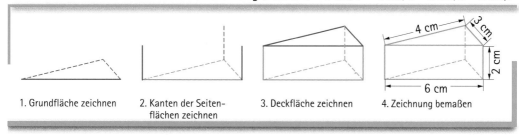

1. Grundfläche zeichnen
2. Kanten der Seitenflächen zeichnen
3. Deckfläche zeichnen
4. Zeichnung bemaßen

7. Zeichne das Dreiecksprisma (Maße: a = 6 cm, b = 4 cm, c = 3 cm, k = 5 cm).
   a) Die Dreiecksfläche soll vorne liegen.   b) Die Dreiecksfläche soll unten liegen.

83

1. Skizziere das Schrägbild des Klebe-
stifts. Die Kreisfläche liegt vorn.
Schreibe die Maße an deine Zeichnung.

2. Skizziere das Schrägbild des Zylinders wie in Aufgabe 1. Beachte die
Körperhöhe. Bemaße die Zeichnung.
a) Radius 3 cm, Körperhöhe 8 cm
b) Radius 3 cm, Körperhöhe 4 cm

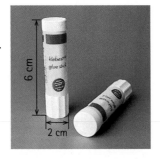
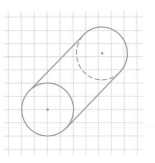

3. Betrachte eine Konservendose aus verschiedenen Richtungen. Bei schräger Blickrichtung erscheint die Deckfläche nicht als Kreis, sondern als Ellipse. Beschreibe und skizziere sie.

4. Um einen stehenden Zylinder darzustellen, musst du zuerst die Grundfläche skizzieren. Es entsteht eine Ellipse. Erkläre, dann skizziere. Kreisradius 3 cm, Körperhöhe 5 cm.

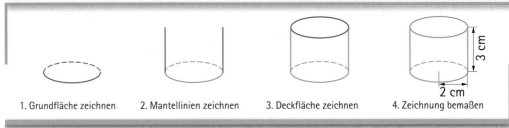

1. Grundfläche zeichnen   2. Mantellinien zeichnen   3. Deckfläche zeichnen   4. Zeichnung bemaßen

5. Skizziere den Zylinder liegend und stehend. Bemaße deine Skizze.

a)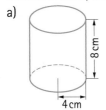

b)

c)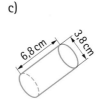

d)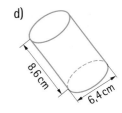

6. Was ist nicht in wahrer Größe abgebildet? Erkläre, dann skizziere (Maße in Millimetern).

a)

b)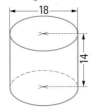

c)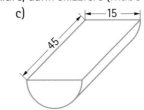

d)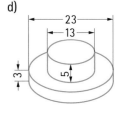

1. Skizziere den Körper und berechne sein Volumen.

a) 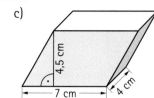   b)   c) 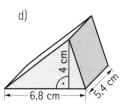   d)

2. Skizziere das Prisma. Die Grundfläche ist gegeben. Die Körperhöhe beträgt 5 cm. Schreibe die Maße an deine Skizze. Berechne dann das Volumen des Prismas.

a)   b)   c)   d)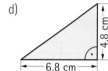

3. Skizziere einen Würfel mit der Kantenlänge 2 cm und einen Würfel, dessen Kanten dreimal so lang sind. Ist das Volumen des großen Würfels dreimal so groß wie das Volumen des kleinen?

4. Wie heißt das Prisma zu dem Netz? Skizziere das Prisma und schreibe die Maße an deine Skizze. Dann berechne das Volumen des Prismas.

a) 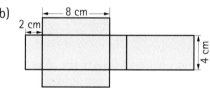   b)   c)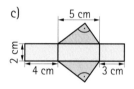

5. a) Das Netz des Prismas ist unvollständig gezeichnet. Zeichne das vollständige Netz. Welches Prisma ist es?
   b) Skizziere das Prisma. Bemaße deine Skizze, dann berechne das Volumen des Prismas.

①   ② 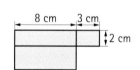   ③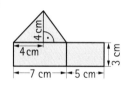

6. Ein Quader hat die Kantenlängen 3,5 cm, 2,8 cm und 3,2 cm. Zeichne das Netz und ein Schrägbild des Quaders. Berechne das Volumen des Quaders.

7. Die Kanten des kleinen Quaders sind 4 cm, 3 cm und 2 cm lang, die Kanten des großen sind doppelt so lang.
   a) Zeichne ebenso in dein Heft.
   b) Wie viele kleine Quader passen in den großen? Erkläre ohne zu rechnen mithilfe der roten Linien.
   c) Berechne das Volumen der beiden Quader. Überprüfe deine Antwort b).

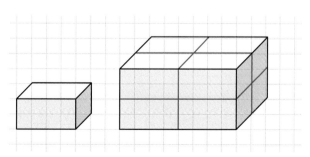

1. Ordne die Blickrichtungen den Zeichnungen von Draufsicht, Vorderansicht und Seitenansicht zu.

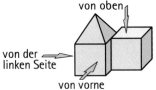

von oben

von der linken Seite

von vorne

Draufsicht   Vorderansicht   Seitenansicht

2. Zeichne zu jedem Körper die drei Ansichten (Kantenlänge der Würfel 4 cm).

a)   b) 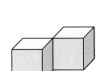 c)   d)   e)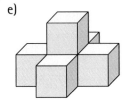

3. Die Körper sind aus drei Würfeln und einer Pyramide zusammengesetzt. Zeichne von jedem Körper die drei Ansichten. Welche Ansichten der Körper sind gleich?

a) 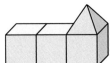 b)  c) 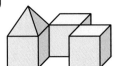 d)

4. a) Mit welcher Blickrichtung sieht man bei den drei Ansichten jeweils auf den Körper?

b) Der Körper wird um 90° gedreht, sodass die dunkel markierten Seiten vorn sind. Skizziere von dem Körper in dieser Lage zuerst ein Schrägbild, dann zeichne die drei Ansichten.

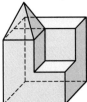 Draufsicht Vorderansicht 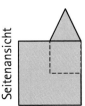 Seitenansicht

5. a) Alle vier Körper haben dieselbe Draufsicht. Zeichne die Draufsicht (Maße in Millimetern).

b) Ordne jedem Körper die richtige Seitenansicht zu. Zeichne für jeden Körper die Seitenansicht.

c) Zeichne für jeden der vier Körper die Vorderansicht.

Ⓐ 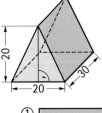 Ⓑ 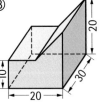 Ⓒ 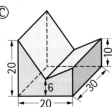 Ⓓ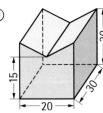

Seitenansicht

①  ②   ③   ④

86

1. Zu jedem Körper ist eine der drei Ansichten (Draufsicht, Vorderansicht, Seitenansicht) gezeichnet. Welche ist es jeweils?

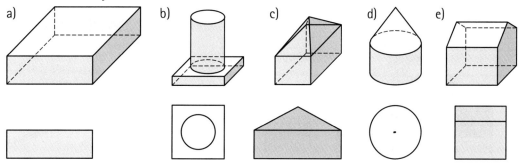

2. Zeichne die Ansichten des Körpers (Maße in Millimetern). Bemaße die Zeichnungen.

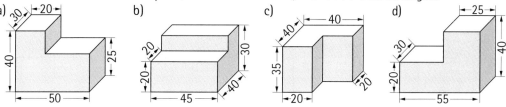

3. Zeichne die Ansichten des Körpers (Maße in Millimetern). Bemaße die Zeichnungen.

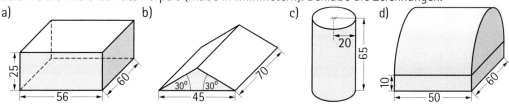

4. Welcher Körper ist es? Skizziere ein Schrägbild (Maße in Millimetern). Bemaße das Schrägbild.

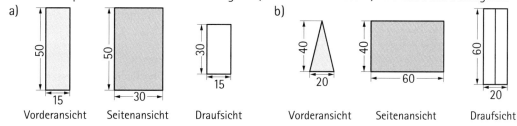

5. Ein Körper ist aus Würfeln (Kantenlänge 4 cm) zusammengesetzt. Ergänze die fehlende Ansicht des Körpers und skizziere ein Schrägbild. Bemaße das Schrägbild.

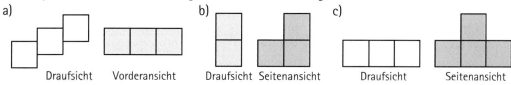

6. Skizziere das Schrägbild und die drei Ansichten eines Körpers, der aus vier Würfeln zusammengesetzt ist.

1. Viele Körper in unserer Umwelt sind Dreiecksprismen.
   a) Welche Flächen begrenzen ein Dreiecksprisma? Anzahl der Flächen, Kanten und Ecken?
   b) Wo kommen in deiner Umwelt Dreiecksprismen vor?

2. Dies sind Netze von Dreiecksprismen. Wie unterscheiden sich die Dreiecksprismen? Wo findest du im Netz die Körperhöhe des Prismas? Skizziere das Dreiecksprisma (Maße in cm).

a) 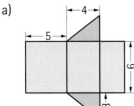   b) 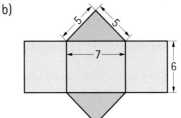   c)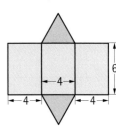

3. a) Zeichne eines der Netze aus Aufgabe 2 auf festes Papier. Schneide es aus, falte es und klebe es zu einem Dreiecksprisma.
   b) Die rechteckigen Flächen bilden zusammen die Mantelfläche. Berechne von jedem Prisma die Mantelfläche.
   c) Wie viel Quadratzentimeter Papier sind für jedes Prisma nötig? Fehlende Maße entnimm deiner Zeichnung.

4. Pia und Jan berechnen die Oberfläche eines Dreiecksprismas auf unterschiedliche Weise. Erkläre die beiden Rechenwege.

Pia:
Grundfläche = $(5 \cdot 2,4) : 2$ cm^2
Deckfläche = $(5 \cdot 2,4) : 2$ cm^2
Seitenfläche = $4 \cdot 4,5$ cm^2
Seitenfläche = $5 \cdot 4,5$ cm^2
Seitenfläche = $3 \cdot 4,5$ cm^2
───────────────────────
Oberfläche des Dreiecksprismas = 66 cm^2

Jan:
Oberfläche des Dreiecksprismas
$O = 2 \cdot$ Grundfläche + Mantel
$2 \cdot \frac{5 \cdot 2,4}{2} + 12 \cdot 4,5 = 66$
$O = 66$ cm^2

5. Ein Dreiecksprisma ist 9,5 cm hoch. Skizziere ein Schrägbild und zeichne ein Netz. Maße des Dreiecks: a = 7,3 cm, b = 8,4 cm, c = 9,8 cm. Bemaße die Skizzen und berechne die Oberfläche.

6. Berechne die Oberfläche des Dreiecksprismas. Das Prisma ist 8,5 cm hoch. Fehlende Maße entnimm der Zeichnung der Grundfläche.
   a) a = 5,2 cm   b = 7,0 cm   c = 4,5 cm   b) a = 7,5 cm   b = 6,8 cm   c = 6,8 cm

1. Ein Quader ist 2,2 cm lang, 1,8 cm breit und 1,5 cm hoch.
  a) Das Volumen des Quaders beträgt 5,94 cm³. Schreibe auf, wie du das berechnen kannst.
  b) Die Grundfläche G des Dreiecksprismas ist halb so groß wie die Grundfläche des Quaders. Das Volumen V des Dreiecksprismas ist halb so groß wie das Volumen des Quaders. Erkläre und berechne G und V.

Quader: Dreiecksprisma:

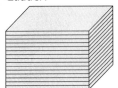 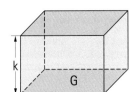 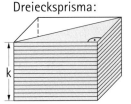 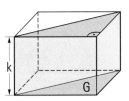

2. Berechne das Volumen des Quaders, dann das Volumen des Dreiecksprismas (Maße in cm).

a)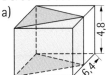
b)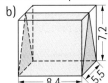
c)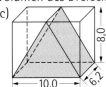
d)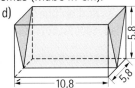

3. a) In der Grundfläche eines Dreiecksprismas ist eine Seite 5,2 cm lang, die zugehörige Höhe ist 3,8 cm lang. Das Dreiecksprisma ist 4,5 cm hoch. Erkläre die Berechnung des Volumens.
  b) Rechne ebenso. Dreieck: Seite 7 cm, zugehörige Höhe 6 cm. Körperhöhe k = 4 cm.

Volumen des Dreiecksprismas:

V = Grundfläche · Körperhöhe

$V = G \cdot k \qquad G = \frac{g \cdot h}{2}$

$V = \frac{g \cdot h}{2} \cdot k$

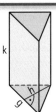 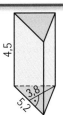

$V = \frac{g \cdot h}{2} \cdot k$

$\frac{5{,}2 \cdot 3{,}8}{2} \cdot 4{,}5 = 44{,}46$

$V \approx 44{,}5 \text{ cm}^3$

▲ **4.** Berechne das Volumen des Dreiecksprismas. Runde auf eine Stelle nach dem Komma.

	a)	b)	c)	d)	e)	f)	g)
g	4,5 cm	12,0 cm	6,8 cm	8,8 dm	6,0 dm	3,5 m	1,2 m
h	5,0 cm	5,4 cm	4,7 cm	5,5 dm	5,6 dm	0,8 m	0,8 m
k	3,4 cm	6,1 cm	3,5 cm	11,0 dm	12,5 dm	2,4 m	1,5 m

5. Eine Seite der Grundfläche eines Dreiecksprismas ist 8 cm lang, die zugehörige Höhe der dreieckigen Grundfläche beträgt 3 cm. Die Höhe des Prismas ist 12 cm lang.
  a) Skizziere das Dreiecksprisma und berechne das Volumen.
  b) Wie ändert sich das Volumen, wenn die Höhe der dreieckigen Grundfläche verdoppelt und gleichzeitig die Körperhöhe halbiert wird?
  c) Wie ändert sich das Volumen, wenn die Höhe der dreieckigen Grundfläche und die Körperhöhe verdoppelt werden?

6. Ein Dreiecksprisma hat das Volumen 750 cm³. Die Grundfläche ist 60 cm² groß. Körperhöhe?

▲ 0,7   3,4   38,3   55,9   197,6   210   266,2

1. a) Den Papiermantel einer Konservendose kannst du so aufschneiden, dass ein Rechteck entsteht. Erkläre, dann berechne den Flächeninhalt des Mantels.

b) Wie viel Quadratzentimeter Blech benötigt man mindestens für die Dose?

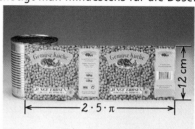

2. a) Jessika berechnet die Oberfläche eines Zylinders. Sie rechnet mit $\pi = 3{,}14$. Wie groß ist die Körperhöhe? Prüfe die Rechnung.

b) Rechne ebenso: Radius des Kreises 5 cm, Körperhöhe des Zylinders 7 cm.

Oberfläche des Zylinders:

$O = 2 \cdot$ Grundfläche $+$ Mantelfläche

$O = 2 \cdot r^2 \cdot \pi + 2 \cdot r \cdot \pi \cdot k$

$G = \pi \cdot r^2$

$M = 2 \cdot \pi \cdot r \cdot k$

$G = \pi \cdot r^2$

$O = 2 \cdot r^2 \cdot \pi + 2 \cdot r \cdot \pi \cdot k$

$2 \cdot 3^2 \cdot \pi + 2 \cdot 3 \cdot \pi \cdot 5$

$= 56{,}52 + 94{,}2$

$= 150{,}72$

$O = 150{,}7 \text{ cm}^2$

▲ 3. Berechne die Oberfläche des Zylinders. Runde auf eine Stelle nach dem Komma.

a) $r = 2{,}2$ cm   b) $r = 1{,}1$ cm   c) $r = 6{,}6$ cm   d) $d = 7{,}2$ cm   e) $d = 9{,}6$ cm   f) $d = 5{,}4$ cm
   $k = 3{,}6$ cm $k = 14{,}4$ cm $k = 0{,}4$ cm $k = 3{,}6$ cm $k = 0{,}6$ cm $k = 6{,}9$ cm

4. Berechne die Oberfläche, beachte die Einheiten.

a) $r = 2{,}5$ cm $k = 25$ cm   b) $r = 2{,}5$ mm $k = 2{,}5$ cm   c) $r = 8$ cm $k = 12$ mm

5.

a) Wie groß ist die Fläche, die die Walze (Durchmesser 80 cm) mit einer Umdrehung flachwalzt?

b) Wie viel m² Folie werden mindestens für die Innenauskleidung des Pools gebraucht?

c) Wie viel m² Blech werden mindestens für die Herstellung von 4,5 m Dachrinne gebraucht?

6. Die Mantelfläche eines Zylinders beträgt $188{,}4 \text{ cm}^2$, der Radius der Grundfläche 4 cm. Höhe?

7. Die Höhe eines Zylinders beträgt 12,5 cm, die Mantelfläche $392{,}5 \text{ cm}^2$. Radius des Kreises?

▲   80,1   107,1   162,8   162,8   162,8   290,1

1. a) Der Bauarbeiter hat einen Kreis mit dem Radius r = 1 m gezeichnet. Der Kreis wird mit würfelförmigen Pflastersteinen (1 dm³) ausgelegt. Wie viele Pflastersteine werden höchstens benötigt?
b) Die Baufirma liefert und berechnet Pflastersteine nach Kubikmetern. Wie viel Kubikmeter werden benötigt?
c) Wie viel Kubikmeter werden zum Auslegen dieser Kreise gebraucht?
r = 2 m   r = 3 m   r = 1,5 m

2. a) Eine Kreisscheibe hat einen Radius von 3 cm. Die Scheibe ist 1 cm hoch. Wie groß ist der Flächeninhalt des Kreises? Wie viele Kubikzentimeterwürfel passen in die Scheibe?
b) Ein Zylinder besteht aus vier Scheiben. Höhe des Zylinders? Volumen des Zylinders?

3. a) Anna berechnet das Volumen des Zylinders mithilfe einer Formel. Erkläre und prüfe nach.
b) Rechne ebenso. Die kreisförmige Grundfläche hat einen Radius von 5 cm, die Höhe des Zylinders beträgt 7 cm.

Volumen des Zylinders:
V = Grundfläche · Körperhöhe
$V = G \cdot k$
$V = r^2 \cdot \pi \cdot k$

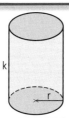
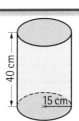

$V = r^2 \cdot \pi \cdot k$
$15^2 \cdot \pi \cdot 40 = 28\,260$
$V = 28\,260 \text{ cm}^3$
$V \approx 28,3 \text{ dm}^3$

4. Berechne das Volumen des Zylinders. Runde auf eine Stelle nach dem Komma.
a)   b)   c) 3,6 cm   d)

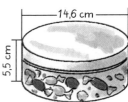

▲ **5.** Berechne das Volumen des Zylinders.
a) r = 3,5 cm   b) r = 4,8 cm   c) r = 2,4 cm   d) r = 1,1 cm   e) d = 0,8 cm   f) d = 0,8 cm
 k = 4,8 cm   k = 3,5 cm   k = 7,0 cm   k = 7,0 cm   k = 21,0 cm   k = 63,0 cm

6. Ein Zylinder hat ein Volumen von 376,8 cm³. Der Radius der Grundfläche beträgt 4 cm. Berechne die Höhe des Zylinders.

▲ **7.** Das Volumen eines Zylinders beträgt 734,76 cm³, die Höhe ist 6,5 cm lang. Wie groß ist die Grundfläche?

▲   10,55   26,596   31,651   113,04   126,605   184,632   253,21

1. Hier siehst du die Grundfläche eines Körpers (Maße in Zentimetern). Die Körperhöhe beträgt 9 cm. Skizziere den Körper. Schreibe die Maße an deine Skizze. Dann berechne Volumen und Oberfläche des Körpers.

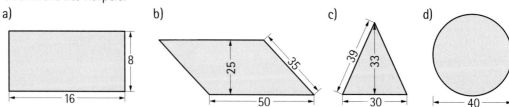

a) b) c) d)

2. Von einem Quader wird ein Dreiecksprisma abgetrennt. Die Maße sind in Zentimetern angegeben.
   a) Berechne zuerst die Grundfläche, dann das Volumen des Quaders.
   b) Berechne das Volumen des abgetrennten Dreiecksprismas.
   c) Gib das Volumen des entstandenen Restkörpers an.

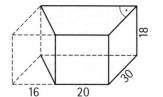

3. Bei den abgebildeten Körpern haben alle Grundflächen den gleichen Flächeninhalt (Maße in Zentimetern). Was kannst du dann über das Volumen der Körper sagen? Begründe deine Antwort. Gib das Volumen der Körper an.

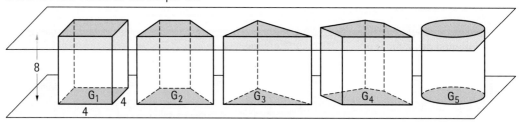

4. Diese Körper haben alle annähernd das gleiche Volumen. Haben sie auch ungefähr die gleiche Oberfläche? Berechne und vergleiche zuerst die Grundfläche der Körper, dann ihr Volumen und ihre Oberfläche (Maße in Zentimetern). Im Dreieck G_3 ist die Höhe auf der längsten Seite 4 cm.

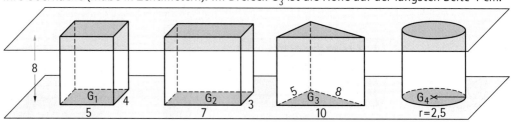

5. Hier ist die Grundfläche eines Körpers gezeichnet (Maße in Zentimetern). Das Volumen des Körpers beträgt 125,4 cm^3. Skizziere den Körper, dann berechne die Körperhöhe. Schreibe die Maße an deine Skizze.

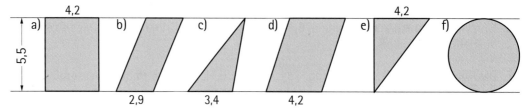

① Kannst du aus sechs Streichhölzern vier gleichseitige Dreiecke herstellen?

② Wie kommt der Käfer am schnellsten zur Ecke A? Das Würfelnetz kann dir helfen.

③ Aus einem Würfel entstehen durch Schnitte andere Körper. Wie wurde geschnitten? Welche Formen haben die Flächen der neuen Körper?

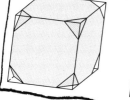  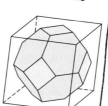

④ Fülle einen Würfel halbvoll mit Wasser. Kippe über Kanten oder Ecken. Welche Formen nimmt die Wasseroberfläche ein? Kannst du den Würfel auch so kippen, dass die Wasseroberfläche ein Sechseck bildet?

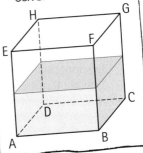

⑤ Unmögliche Figuren! Kannst du sie zeichnen?

 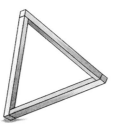 

93

1. Im Beispiel siehst du links einen zusammengesetzten Körper, rechts einen Restkörper. Berechne das Volumen des zusammengesetzten Körpers und das Volumen des Restkörpers.

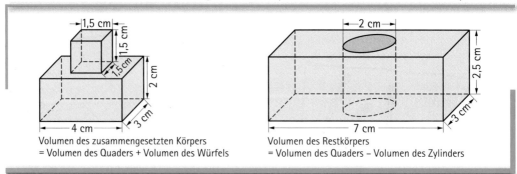

Volumen des zusammengesetzten Körpers
= Volumen des Quaders + Volumen des Würfels

Volumen des Restkörpers
= Volumen des Quaders – Volumen des Zylinders

2. Berechne das Volumen des Körpers.

a)   b)   c)   d)

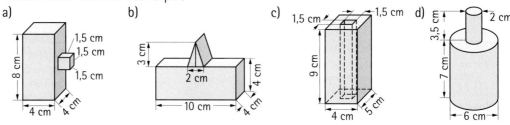

3. Dies ist die Grundfläche eines Prismas. Es ist 7,2 cm hoch. Miss geeignete Längen und berechne
a) die Grundfläche,
b) das Volumen,
c) die Mantelfläche,
d) die Oberfläche.

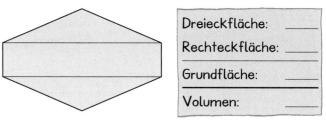

Dreieckfläche: _____
Rechteckfläche: _____
Grundfläche: _____
Volumen: _____

4. Aus den abgebildeten Körpern kann man zusammengesetzte Körper bauen. Skizziere vier zusammengesetzte Körper, die aus je zwei der abgebildeten Körper bestehen. Bemaße die Skizzen und berechne das Volumen der zusammengesetzten Körper.

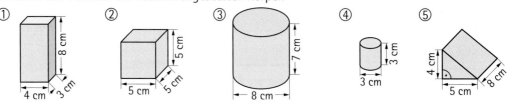

①   ②   ③   ④   ⑤

5. Hier sind die Grundflächen von Körpern abgebildet. Jeder Körper ist 8 cm hoch. Skizziere die Körper. Skizziere dann einen aus zwei dieser Körper zusammengesetzten Körper. Berechne das Volumen dieses zusammengesetzten Körpers.

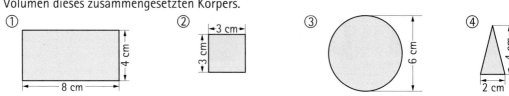

①   ②   ③   ④

1. a) Aus welchen Teilkörpern besteht der Container, aus welchen besteht der Heizöltank?
b) Berechne das Volumen und die Oberfläche des Containers.
c) Berechne das Volumen und die Oberfläche des Heizöltanks.

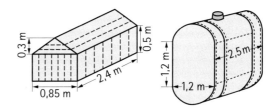

▲ 2. Dies ist die Grundfläche eines 2,50 m langen Profilstabs aus Aluminium. Berechne das Volumen und das Gewicht (1 cm³ Aluminium wiegt 2,7 g).

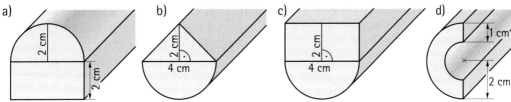

3. Berechne das Volumen und das Gewicht des Werkstücks (Maße in Zentimetern). Das Gewicht je cm³ ist angegeben.

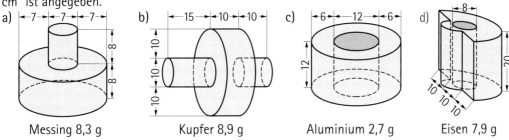

Messing 8,3 g   Kupfer 8,9 g   Aluminium 2,7 g   Eisen 7,9 g

4. Berechne das Volumen und das Gewicht des Werkstücks (Maße in Zentimetern). Das Gewicht je cm³ ist angegeben.

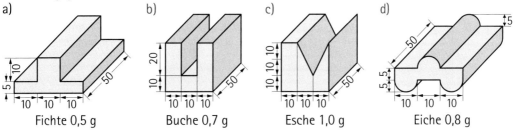

Fichte 0,5 g   Buche 0,7 g   Esche 1,0 g   Eiche 0,8 g

5. Hier liegt die Grundfläche vorne. Berechne zuerst den Flächeninhalt der Grundfläche. Dann bestimme das Volumen des Körpers (Maße in Millimetern).

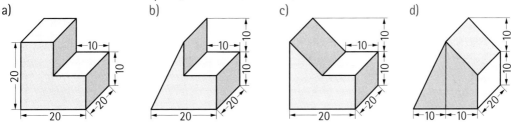

▲ 1 177,5   2 570   3 179,3   3 570   3 570   6 939   9 639   9 639

95

1. Skizziere den Quader und bemaße ihn (Maße in Zentimetern).

a)   b)   c) 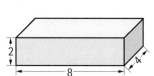 d)

2. Skizziere zwei Schrägbilder eines Dreiecksprismas. Es soll einmal auf der Dreiecksfläche stehend und einmal auf einer Rechteckfläche liegend skizziert werden. Das Dreiecksprisma hat die Seiten a = 5 cm, b = 4 cm, c = 3 cm. Die Körperhöhe k beträgt 7 cm.

3. Skizziere und bemaße den Zylinder. Die Kreisfläche soll vorne liegen (Maße in Zentimetern).

a) 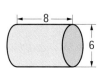 b)   c) d)

4. Skizziere die Draufsicht des abgebildeten Körpers.

a)   b) 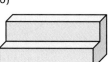 c) 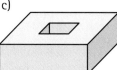 d)

5. Skizziere den Körper und bemaße ihn (Maße in cm). Berechne Volumen und Oberfläche.

a) 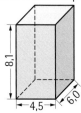 b) 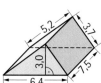 c) 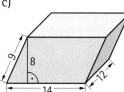 d)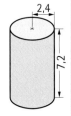

6. Die Grundfläche eines Zylinders hat einen Radius von 5,2 cm. Seine Höhe beträgt 4,5 cm. Berechne die Oberfläche und das Volumen des Zylinders.

7. Ein Dreiecksprisma hat eine Grundfläche von 2,2 cm^2. Sein Volumen beträgt 3,3 cm^3. Wie hoch ist das Dreiecksprisma?

8. Skizziere aus je zwei abgebildeten Körpern einen zusammengesetzten Körper. Bemaße die Skizze und berechne das Volumen des zusammengesetzten Körpers.

①   ②   ③   ④

1. Eine dreieckige Fläche hat die Seitenlängen 40 m, 31 m und 44 m. Berechne Umfang und Flächeninhalt des Dreiecks. Fehlende Größen entnimm einer Zeichnung im Maßstab 1 : 1000.

2. a) Zeichne ein Quadrat mit der Seitenlänge 6 cm, dann zeichne in das Quadrat einen mög-lichst großen Kreis. Berechne den Umfang und den Flächeninhalt des Quadrates und des Kreises.
   b) Wie viel Prozent der Quadratfläche werden von der Kreisfläche bedeckt?
   c) Um wie viel Prozent ist der Umfang des Quadrats länger als der Umfang des Kreises?

3. a) Zeichne je ein Quadrat, ein Rechteck, ein Dreieck und einen Kreis mit dem Umfang 40 cm. Für welche Figuren gibt es mehrere Möglichkeiten, für welche gibt es nur eine?
   b) Berechne den Flächeninhalt der Figuren, die du in Aufgabe a) gezeichnet hast. Welche Fi-gur hat den kleinsten Flächeninhalt?

4. a) Berechne das Volumen der 10-Cent-Münze.
   b) Berechne das Gewicht für einen Kubikzen-timeter des Münzenmetalls.
   c) Ergeben eine Million 10-Cent-Münzen auf-einander gelegt eine Säulenhöhe von 193 m, 1 930 m oder sogar von 19 300 m?

Durchmesser:	19,75 mm
Dicke:	1,93 mm
Gewicht:	4,1 g
Zusammensetzung:	Kupfer-Aluminium-Zink-Zinnlegierung

5. In der Tabelle stehen Angaben über Würfel.
   a) Übertrage die Tabelle in dein Heft und er-gänze sie.
   b) Zeichne die Darstellung der Zuordnung Kantenlänge → Länge aller Kanten in ein Koordinatensystem. Stelle ebenso die Zu-ordnungen Kantenlänge → Oberfläche, Kantenlänge → Volumen und Kanten-länge → Länge der Raumdiagonalen dar.
   c) Welche Zuordnungen sind proportional?

Kanten-länge	Länge aller Kanten	Ober-fläche	Volu-men	Länge der Raumdia-gonalen
1 cm	12 cm	6 cm^2	1 cm^3	1,7 cm
2 cm				
3 cm				
4 cm				
5 cm				

6. Aus Quadraten mit den Seitenlängen 2 cm und 5 cm werden jeweils die größtmöglichen Kreisflächen ausgeschnitten.
   a) Berechne die Quadrat- und die Kreisflächen.
   b) Wie viel Prozent der Quadratfläche nimmt jeweils die zugehörige Kreisfläche ein? Schätze zuerst, dann rechne.

Rotierendes Lineal

7. Durch die Drehung des abgebildeten Lineals um die Achsen A, B, C ent-stehen Drehkörper.
   a) Skizziere den Körper, der entsteht, wenn das Lineal um die Achse A gedreht wird. Berechne das Volumen des Körpers. Runde auf cm^3.
   b) Skizziere den Körper, der entsteht, wenn das Lineal um die Achse B gedreht wird. Berechne das Volumen dieses Körpers. Runde auf cm^3.
   c) Bestimme das Volumen des Körpers, der bei der Drehung des Lineals um die Achse C entsteht. Vergleiche mit den Drehkörpern in a) und b). Was stellst du fest?

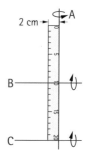

6. Rationale Zahlen

Grönland ist mit 2,1 Mio. km^2 etwa sechsmal so groß wie Deutschland. Mehr als vier Fünftel der Landfläche sind von Eis bedeckt. Sogar im wärmsten Monat ist die mittlere Temperatur nirgends höher als 10 °C.

1. In der Stadt Thule werden an einem Tag im Juli 9 °C über Null gemessen. In der Nacht fällt die Temperatur um 11 °C.

2. Bis zum Mittag steigt die Temperatur wieder um 5 °C an.

3. In der folgenden Nacht sinkt die Temperatur auf 7 °C unter Null.

1. In einer Januarwoche wurden in Augsburg um 12 Uhr Temperaturen gemessen. Welche Temperaturen waren es?

2. a) Wann war es kälter als am Mittwoch?
b) Wann war es wärmer als am Sonntag?

3. Um wie viel Grad änderte sich die Temperatur zwischen den Messungen an aufeinander folgenden Tagen?

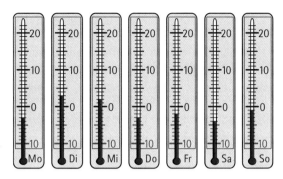

▲ **4.** Die Anfangstemperatur ist immer –3 °C. Bestimme die Endtemperatur.
a) Die Erhöhung der Temperatur beträgt: 0,5 °C,   1,5 °C,   2,5 °C,   2,9 °C,   5,3 °C,   6,2 °C.
b) Die Absenkung der Temperatur beträgt: 0,5 °C,   2,5 °C,   2,1 °C,   4,9 °C,   7,8 °C,   6,7 °C.

5. Die Endtemperatur ist immer –2 °C. Bestimme die Anfangstemperatur.
a) Die Erhöhung der Temperatur beträgt: 0,5 °C,   1,5 °C,   2,3 °C,   2,9 °C,   3,7 °C,   4,7 °C.
b) Die Absenkung der Temperatur beträgt: 0,5 °C,   1,3 °C,   2,5 °C,   2,7 °C,   5,6 °C,   8,4 °C.

6. Bestimme den Unterschied zwischen den Temperaturen.

	a)	b)	c)	d)	e)	f)
Anfangstemperatur	5 °C	–11 °C	15 °C	6 °C	–5,8 °C	5,3 °C
Endtemperatur	12 °C	–7 °C	–2 °C	–6 °C	–9,2 °C	–4,7 °C

7. Die Anfangstemperatur ist immer –2,5 °C. Die Temperatur ändert sich um den angegebenen Betrag nach oben und nach unten. Welche beiden Endtemperaturen gibt es?
Betrag der Temperaturänderung: a) 3 °C   b) 5,5 °C   c) 2,4 °C   d) 7,6 °C

8. David hat an einem Tag im Januar die Temperaturen gemessen.
a) Lies die Temperaturen zu den vollen Stunden von 7 bis 21 Uhr ab. Trage sie in eine Tabelle ein.
b) Bestimme die höchste und die niedrigste Temperatur? Wann wurden sie erreicht?

9. Um wie viel Uhr war es ungefähr so kalt?
a) 1,5 °C   b) 0 °C   c) –0,8 °C   d) –1,5 °C

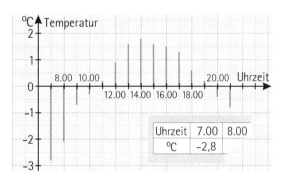

Uhrzeit	7.00	8.00
°C		–2,8

10. Um wie viel Grad Celsius änderte sich die Temperatur?   a) von 7 bis 10 Uhr   b) von 12 bis 19 Uhr

11. In der Wüste gibt es häufig extreme Temperaturschwankungen.
a) Übertrage die Tabelle in dein Heft. Ergänze die fehlenden Zahlen für die Unterschiede.
b) Zeichne den Temperaturverlauf wie in Aufgabe 8 (1 cm für 5 °C und für 2 Stunden).

Uhrzeit	0.00	2.00	4.00	6.00	8.00	10.00	12.00	14.00	16.00	18.00	20.00	22.00
°C	–8	–10	–9	–5	1	10	17	25	24	19	8	–1
Unterschied	—	–2	+1	▨	▨	▨	▨	▨	▨	▨	▨	▨

▲   –10,8   –9,7   –7,9   –5,5   –5,1   –3,5   –2,5   –1,5   –0,5   –0,1   2,3   3,2

1. a) Kira eröffnet ein Konto und zahlt 80 € ein. Übertrage die Tabelle in dein Heft. Zur Buchung vom 25. 04. gehört die Rechenaufgabe 80 – 100 = 🖩. Erkläre.

b) Schreibe ebenso zu den übrigen Buchungen die Rechenaufgaben. Trage die Lösungen in deine Tabelle ein.

Datum	Ein-/Auszahlung	Kontostand
5. 04.	+ 80,00	80,00
25. 04.	–100,00	–20,00
3. 05.	+ 35,00	
22. 05.	– 20,00	

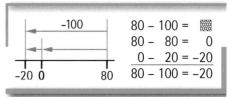

$$80 - 100 = 🖩$$
$$80 - 80 = 0$$
$$\underline{0 - 20 = -20}$$
$$80 - 100 = -20$$

2. Schreibe als Rechenaufgabe. Dann ergänze deine Tabelle (Aufgabe 1).

Datum	06. 06.	12. 07.	13. 08.	22. 10.	10. 12.
Ein-/Auszahlung	+52,50	–27,00	–60,00	+150,00	–43,50

3. Einzahlung von 400 €. Lies jeweils den Anfangsstand und den Endstand ab und schreibe als Additionsaufgabe. Prüfe durch Rechnen nach.

4. Auszahlung von 35 €. Lies jeweils den Anfangsstand ab und löse die Subtraktionsaufgabe. Kontrolliere das Ergebnis an der Zahlengeraden.

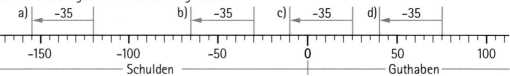

5. Erkläre die Rechnung und die Nebenrechnung. Rechne ebenso.

a) 234 – 500
234 – 800
234 – 400
234 – 900

b) 168 – 300
168 – 600
168 – 500
168 – 700

c) 416 – 800
416 – 700
416 – 600
416 – 500

$$234 - 500 = 🖩 \quad \text{Nebenrechnung}$$
$$234 - 234 = 0 \qquad\qquad 500$$
$$\underline{0 - 266 = -266 \qquad -234}$$
$$234 - 500 = -266 \qquad 266$$

6. Rechne wie im Beispiel. Beachte auch hier die Nebenrechnung.

a) –522 + 600
–522 + 900
–522 + 800
–522 + 700

b) –149 + 400
–149 + 300
–149 + 700
–149 + 900

c) –267 + 300
–267 + 700
–267 + 500
–267 + 800

$$-522 + 600 = 🖩 \quad \text{Nebenrechnung}$$
$$-522 + 522 = 0 \qquad\qquad 600$$
$$\underline{0 + 78 = 78 \qquad -522}$$
$$-522 + 600 = 78 \qquad 78$$

▲ **7.** Subtrahiere 750. Schreibe die Aufgabe auf und rechne. Anfangswerte:

a) 560   –63   b) 490   –158   c) –308   880   d) 96   –234

8. Addiere 452. Anfangswerte: a) –200   –230   b) –170   –199   c) –380   –405

▲   –1058   –984   –908   –813   –654   –260   –190   130

1. An der Zahlengeraden sind einige Zahlen eingetragen. Mit einer Genauigkeit von einem Zehntel (1 Stelle nach dem Komma) kannst du sie ablesen. Schreibe wie im Beispiel: a = –9,8

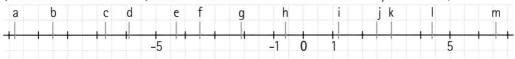

2. Zeichne eine ebensolche Zahlengerade. Trage die Zahlen ein. Du erhältst ein Lösungswort.

0	–3	0,5	–4,5	5,2	–5	1,9	–8,2	$2\frac{3}{4}$	$-6\frac{1}{2}$	3,1	–1,7	$-2\frac{3}{10}$
R	E	A	Z	N	N	T	K	I	O	O	T	N

3. Setze ein: <, > oder =.

a) 10 ▨ 12
 –10 ▨ –12

b) –1 ▨ –2
 –1 ▨ 2

c) –3 ▨ 1
 3 ▨ –4

d) –4,2 ▨ –4,3
 –5,6 ▨ 1,4

e) 4,8 ▨ –5,4
 0,1 ▨ –10

4. a) Welche Zahlen haben den Betrag 3, welche den Betrag 2,5? Wie groß ist jeweils der Abstand zwischen den Zahlen?
 b) Welche Zahlen haben von 0 den Abstand 7, den Abstand 3,5?
 c) Welche Zahlen haben von 3 den Abstand 5, welche haben von –4 den Abstand 5?

> –3 und 3 haben den gleichen **Betrag**.
> Der **Abstand** von –3 bis 3 ist 6.

5. Berechne und ergänze zwei weitere Aufgaben.

a) 20 + 10
 20 + 5
 20 + 0
 20 + (–5)

b) 50 + 120
 50 + 60
 50 + 0
 50 + (–60)

c) 15 – 0,6
 15 – 0,3
 15 – 0
 15 – (–0,3)

d) –18 – 1,2
 –18 – 0,6
 –18 – 0
 –18 – (–0,6)

e) –3,5 + 7
 –3,5 + 4
 –3,5 + 1
 –3,5 + (–2)

Addition einer negativen Zahl:
Subtrahiere den Betrag der Zahl.

Subtraktion einer negativen Zahl:
Addiere den Betrag der Zahl.

3 + (–8) = 3 – 8 = –5
–3 + (–8) = –3 – 8 = –11

3 – (–8) = 3 + 8 = 11
–3 – (–8) = –3 + 8 = 5

---

6. a) 7 + (–9)
 –8 + (–5)

b) 4,9 + (–4,8)
 –7,4 + (–2,9)

c) 5,1 + (–7,8)
 –3,6 + (–9,6)

7. a) –7 – (–2)
 9 – (–6)

b) –13 – (–6)
 27 – (–9)

c) –6,5 – (–2,5)
 –1,8 – (–7,8)

8. a) (5 | –0,7) + (3,7 | –3,3)
 b) (13,9 | –11,7) + (17,5 | –21,1)
 c) (9,2 | –4) – (10,2 | –9,2)
 d) (12,8 | –13,4) – (14,7 | –25,7)

▲ **9.** a) –2,9 + 3,2 + 2,4
 –6,2 – (–2,7) – 4,9

b) 4,7 + (–1,1) – 0,3
 9,6 – 2,9 – 2,7

c) –5,9 + 2,8 – 7,9
 –3,8 – (–5,4) – 4,7

d) 8,5 + (–9,2) – (–2,4)
 –2,8 – 8,3 + (–1,4)

10. a) –3 + ▨ = 0
 b) –3 – ▨ = 0
 c) 7,5 – ▨ = 10
 d) –5,2 – ▨ = –10
 e) 5,9 + ▨ = –10

▲ –12,5 –11 –8,4 –3,1 1,7 2,7 3,3 4

Vervielfachen und Teilen

1. a) Pia hat sich bei ihrer Mutter 3-mal 2,50 €
geliehen. Wie hoch sind ihre Schulden?

b) Marcello hat von seinem Vater 15 € geliehen. Er will seine Schulden in drei gleichen
Raten zurückzahlen.

c) Schreibe als Multiplikationsaufgabe:
(–3,6) + (–3,6) + (–3,6) + (–3,6) + (–3,6)

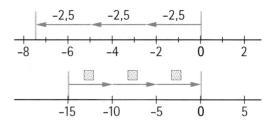

2. Erkläre die Zeichnungen und die Beispiele. Schreibe einen Text dazu wie in Aufgabe 1.

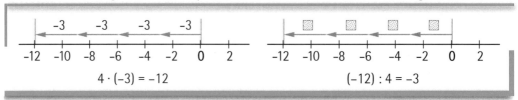

$$4 \cdot (-3) = -12 \qquad\qquad (-12) : 4 = -3$$

3. Andrea hat 7,50 € Schulden. Beas Schulden sind 4-mal so hoch. Schreibe Beas Schulden als
Multiplikationsaufgabe.

▲ **4.** a) $4 \cdot (-5)$ $20 - 6 \cdot 7$ b) $3 \cdot (-150)$ $100 - 5 \cdot 25$ c) $6 \cdot (-1,2)$ $10 - 7 \cdot 1,5$

5. Musst du jedes Mal neu rechnen?
a) $(-49) : 7$ $(-490) : 7$ b) $(-4,9) : 7$ $(-4\,900) : 700$ c) $(-56) : 8$ $(-560) : 80$

6. a) Das Zwanzigfache von: 1,5 0,5 0 –0,4 –2,5   c) Multipliziere –50 mit: 2 1,5 1 0,5 0
b) Ein Zwanzigstel von: 60 80 0 –40 –100   d) Dividiere 60 durch: –1 –2 –3 –4 –5 –6

7. a) (4 | 8 | 16)(·)(–2,5 | –1,25)   b) (–14,4 | –28,8)(:)(3 | 6 | 9)

8. Schreibe möglichst viele richtige Gleichungen mit den Zahlen auf.

9. Setze nacheinander diese Zahlen ein und rechne: 1,5 0,5 –0,5 –1,5 –2,5
a) $20 \cdot$ ▨   b) $0,5 \cdot$ ▨   c) $2,4 :$ ▨   d) $123 :$ ▨   e) $4,8 :$ ▨

10. a) ▨ $\cdot 3 =$ 1,5   b) ▨ $: 4 =$ –1   c) 15 $\cdot$ ▨ $= -60$ d) $-240 :$ ▨ $= -40$ e) ▨ $\cdot 2,3 = -46$
    ▨ $\cdot 3 = -21$ ▨ $: 5 = -12$ $1,2 \cdot$ ▨ $=$ –6 $-120 :$ ▨ $= -40$ ▨ $\cdot 1,9 =$ 9,5

11. Rechne aus und setze ein: $<$, $>$ oder $=$.
a) $5 \cdot (-3)$ ▨ $4 \cdot (-4)$ b) $(-3) \cdot 8$ ▨ $-3 \cdot 8$ c) $1,5 \cdot (-6)$ ▨ $-15 \cdot 0,6$ d) $(-369) : 9$ ▨ $-(123 : 3)$

12. a) $5 \cdot (-4) - 13$ b) $6 \cdot (-1,2) + 5 \cdot (-0,2)$ c) $-1,2 : 4 - 3,6 : 6$ d) $-5 + 6 \cdot (-1,5)$
    $(5 - 4) \cdot 13$ $(6 - 1,2) \cdot 5 - 0,2$ $-1,2 - 4 - 3,6 : 6$ $(-5 + 6) \cdot (-1,5)$

▲   –450   –25   –22   –20   –7,2   –0,5

1. Das Bild zeigt eine „Mal-Minus-3-Maschine". Rechne und
zeige an der Maschine:

$3 \cdot (-3)$ $\qquad$ $2 \cdot (-3)$ $\qquad$ $1 \cdot (-3)$ $\qquad$ $0 \cdot (-3)$

2. Beschreibe, wie die Zahlen auf den Bändern der Maschine aufgeschrieben sind. In welcher Richtung werden die Zahlen auf
dem rechten Ergebnisband kleiner? Um wie viel werden sie
kleiner? Wie ist es auf dem linken Eingabeband?

3. Jetzt wird weiter gerechnet. Die Maschine zeigt das Ergebnis.

$(-1) \cdot (-3)$ $\qquad$ $(-2) \cdot (-3)$ $\qquad$ $(-3) \cdot (-3)$ $\qquad$ $(-4) \cdot (-3)$

4. Zur „Mal-Minus-3-Maschine" gehört der Rechenausdruck $x \cdot (-3)$.
Übertrage die Tabelle in dein Heft. Setze sie fort bis $x = -6$.

x	x · (−3)
2	$2 \cdot (-3) = -6$
1	$1 \cdot (-3) = -3$
0	$0 \cdot (-3) = 0$
−1	$(-1) \cdot (-3) = 3$
−2	$(-2) \cdot (-3) = 6$

5. Erstelle zu dem Rechenausdruck eine Tabelle in deinem Heft und
trage ein. Setze für x nacheinander diese Zahlen ein:

$3 \quad 2 \quad 1 \quad 0 \quad -1 \quad -2 \quad -3$

Rechenausdruck: a) $x \cdot (-2)$ b) $x \cdot (-5)$ c) $x \cdot (-1) + 4$

Multiplizieren und Dividieren von positiven und negativen Zahlen:

Sind beide Zahlen positiv oder beide Zahlen negativ, dann ist das Ergebnis positiv.

$3 \cdot 4 = 12$ $\qquad$ $(-3) \cdot (-4) = 12$ $\qquad$ $8 : 4 = 2$ $\qquad$ $(-8) : (-4) = 2$

Ist eine Zahl positiv und die andere Zahl negativ, dann ist das Ergebnis negativ.

$(-3) \cdot 4 = -12$ $\qquad$ $3 \cdot (-4) = -12$ $\qquad$ $(-8) : 4 = -2$ $\qquad$ $8 : (-4) = -2$

---

6. Rechne. Ergänze zwei weitere Aufgaben.

a) $(-2) \cdot 1$ b) $(-1) \cdot 1$ c) $(-5) \cdot (-1)$ d) $(-8) \cdot (-3)$ e) $(-1) \cdot (-2,1)$ f) $(-1,5) \cdot (-2)$
 $(-2) \cdot 0$ $(-1) \cdot 0$ $(-5) \cdot (-2)$ $(-9) \cdot (-2)$ $(-2) \cdot (-2,1)$ $(-1,5) \cdot (-1)$
 $(-2) \cdot (-1)$ $(-1) \cdot (-1)$ $(-5) \cdot (-3)$ $(-10) \cdot (-1)$ $(-3) \cdot (-2,1)$ $(-1,5) \cdot 0$
 $(-2) \cdot (-2)$ $(-1) \cdot (-2)$ $(-5) \cdot (-4)$ $(-11) \cdot 0$ $(-4) \cdot (-2,1)$ $(-1,5) \cdot 1$

7. a) $4 \cdot \blacksquare = -12$ b) $5 \cdot \blacksquare = -10$ c) $(-3) \cdot \blacksquare = 6$ d) $(-7) \cdot \blacksquare = -14$ e) $(-8) \cdot \blacksquare = -32$
 $(-12) : 4 = \blacksquare$ $(-10) : 5 = \blacksquare$ $6 : (-3) = \blacksquare$ $(-14) : (-7) = \blacksquare$ $(-32) : (-8) = \blacksquare$

8. a) $6 : (-2)$ b) $(-15) : 5$ c) $(-20) : 4$ d) $18 : (-1)$ e) $27 : (-3)$ f) $(-20) : (-4)$

9. a) $2,4 : 8$ b) $(-3,5) : (-7)$ c) $8,1 : (-9)$ d) $(-2,7) : 3$ e) $4,5 : 9$
 $(-2,4) : 8$ $3,5 : 7$ $8,1 : 9$ $(-2,7) : (-3)$ $4,5 : (-9)$
 $2,4 : (-8)$ $(-3,5) : 7$ $(-8,1) : 9$ $2,7 : 3$ $(-4,5) : (-9)$
 $(-2,4) : (-8)$ $3,5 : (-7)$ $(-8,1) : (-9)$ $2,7 : (-3)$ $(-4,5) : 9$

▲ **10.** a) $\left(-0,2 \mid 3,5 \mid -5,3\right) \cdot \left(3 \mid -4 \mid 6\right)$ b) $\left(-3,6 \mid -2,4 \mid 1,8\right) : \left(2 \mid -3 \mid -6\right)$

▲ **11.** Beachte die Regel „Punktrechnung geht vor Strichrechnung".

a) $(-2) \cdot (-6) + 4$ $\qquad$ $(-2) \cdot 6 - 4 \cdot 2$ $\qquad$ b) $(-7) + (-4) \cdot 2$ $\qquad$ $(-7) - 4 \cdot (-2)$

▲ $\quad$ −31,8 $\quad$ −20 $\quad$ −15,9 $\quad$ −15 $\quad$ −14 $\quad$ −1,8 $\quad$ −1,2 $\quad$ −1,2 $\quad$ −0,6 $\quad$ −0,6 $\quad$ −0,3 $\quad$ 0,4 $\quad$ 0,6 $\quad$ 0,8 $\quad$ 0,8
$\quad$ 0,9 $\quad$ 1 $\quad$ 1,2 $\quad$ 10,5 $\quad$ 16 $\quad$ 21 $\quad$ 21,2

1. a)   16 – 9 = ▨
        16 + 9 = ▨
    16 – (–9) = ▨
  –16 – (–9) = ▨

    b) 31 + ▨ = 40
      –31 + ▨ = 40
        31 + ▨ = –40
     –31 + ▨ = –40

    c) ▨ + 13 = 21
     ▨ – 13 = 21
     ▨ + 13 = –21
     ▨ – 13 = –21

    d) 13 – ▨ = 9
       13 – ▨ = –9
     –13 – ▨ = 9
     –13 – ▨ = –9

2. a)   –6,3 + 6,5 = ▨
     –2,7 + (–0,2) = ▨

    b) –5 + ▨ = 0
     19 + ▨ = 8,5

    c) ▨ + 17,5 = 0
     ▨ + (–2,7) = –2,3

    d) –0,5 + ▨ = 0,25
     ▨ – (–0,25) = 0

3. Karin und Sven haben sich verabredet. Sven kommt 8 Minuten zu spät, Karin 9 Minuten zu früh.

4. Setze ein: <, > oder =.   a) 18 – 11 ▨ 8   b) 12 ▨ – 24 + 35   c) –15 + 88 ▨ – 27 + 101

5. a) –30 + (–17) + 24
     98 – (–12) – 17

    b) 4,8 + (–2,9) – (–0,8)
      –3,1 – (–1,7) – (–2,8)

    c) –1,3 + 2,6 + (–1,3)
     0,75 + (–0,25) + (–0,25)

6. Erfinde jeweils mindestens vier Aufgaben.
    a) Multiplikationen von ganzen Zahlen. Das Ergebnis soll –60 sein.
    b) Divisionen mit dem Ergebnis –10
    c) Summen von drei Zahlen mit dem Ergebnis –1,23
    d) Multiplikationen von zwei Summen. Das Ergebnis soll –1 sein.

▨ · ▨ = –60

7. a) (–12,6) · (–5)
     (–12,6) · (–3)

    b) (–4) · 6,4
     (–8) · 3,8

    c) (–2,4) : 0,6
     (–6,4) : (–8)

    d) 3,4 : (–0,8)
     4,5 : (–0,9)

    e) (–6) · 4,2
     6 · (–6,6)

8. a) (6 – 8) : (0,3 – 10,3)   b) (42,5 – 6,75) : (–5)   c) (1 – 0,72) : (15,5 – 23,5)

9. Kleiner oder größer? Setze ein: < oder >.
    a) 5 · (–1,2) ▨ 4 · (–1,2)
    b) (–3,5) : 7 ▨ (–3,5) : 5

    c) 7 · (–0,8) ▨ 10 · (–0,8)
    d) (–4,2) : 3 ▨ (–4,2) : 6

    e) 20 · (–0,5) ▨ 15 · (–0,5)
    f) (–3,6) : 12 ▨ (–3,6) : 18

▲ **10.** Beachte die Regel „Punktrechnung geht vor Strichrechnung".
    a) (–2) · (–6,1) + (–4,2)
     (–4) · (–3,4) + (–3,9)

    b) –7,2 + (–4,6) · (–2)
     –9,3 + (–1,9) · (–7)

    c) (–1,5) · 3,2 – (–2,6) · 3,0
     (–0,8) · (–4,2) – (–1,1) · (–3,8)

11. Zwölf verschiedene Rechenaufgaben, aber nur vier verschiedene Ergebnisse.

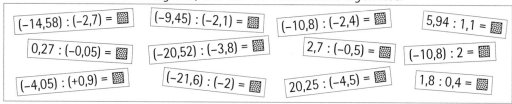

(–14,58) : (–2,7) = ▨   (–9,45) : (–2,1) = ▨   (–10,8) : (–2,4) = ▨   5,94 : 1,1 = ▨

0,27 : (–0,05) = ▨   (–20,52) : (–3,8) = ▨   2,7 : (–0,5) = ▨   (–10,8) : 2 = ▨

(–4,05) : (+0,9) = ▨   (–21,6) : (–2) = ▨   20,25 : (–4,5) = ▨   1,8 : 0,4 = ▨

12. Setze im Heft jede Reihe um 4 Glieder nach links und rechts fort und rechne aus.

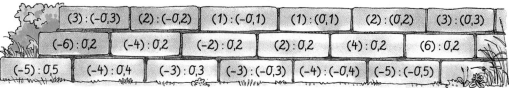

(3) : (–0,3)	(2) : (–0,2)	(1) : (–0,1)	(1) : (0,1)	(2) : (0,2)	(3) : (0,3)
(–6) : 0,2	(–4) : 0,2	(–2) : 0,2	(2) : 0,2	(4) : 0,2	(6) : 0,2
(–5) : 0,5	(–4) : 0,4	(–3) : 0,3	(–3) : (–0,3)	(–4) : (–0,4)	(–5) : (–0,5)

▲   –0,82   2   3   4   8   9,7

1. Schreibe als Produkt und berechne. Beispiel: $(-0,2) + (-0,2) = 2 \cdot (-0,2) = (-0,4)$

a) $(-1,5) + (-1,5) + (-1,5)$

$(-2,4) + (-2,4) + (-2,4) + (-2,4)$

b) $(-\frac{1}{2}) + (-\frac{1}{2}) + (-\frac{1}{2})$

$(-\frac{3}{4}) + (-\frac{3}{4}) + (-\frac{3}{4}) + (-\frac{3}{4})$

c) $(-\frac{1}{4}) + (-\frac{1}{4}) + (-\frac{1}{4}) + (-\frac{1}{4})$

$(-5,5) + (-5,5) + (-5,5)$

▲ **2.** a) $2,5 + \boxed{} = 6,2 - 1,4$

$4,1 + \boxed{} = 3,5 - (-3,4)$

b) $6,8 - \boxed{} = 5,5 + (-0,6)$

$(-4,9) - \boxed{} = -6,2 - 3,1$

c) $(-0,5) \cdot \boxed{} = 8,4 : 0,7$

$(-4) : \boxed{} = (-1,6) \cdot 5$

3. Berechne die fehlenden Zahlen.

a)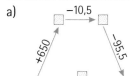

b)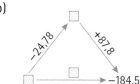

c)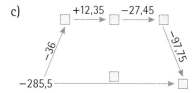

4. Frau Mill hat 2 784,50 € auf ihrem Konto. Es werden 5 Buchungen vorgenommen:
– 84,75 €   + 123,48 €   + 97,80 €   – 650 €   – 1 284,50 €
Berechne den neuen Kontostand.

5. a) Ricardo hat 84,50 € Schulden auf seinem Konto. Er zahlt fünfmal den gleichen Betrag auf sein Konto ein. Nun hat er ein Guthaben von 515,50 €. Welchen Betrag hat er jeweils eingezahlt?
b) Simona hatte ein Guthaben von 1 624,45 €. Sie hob dreimal den gleichen Betrag ab. Jetzt hat sie Schulden von 35,60 €. Welchen Betrag hat sie jeweils abgehoben?

6. Auf dem Konto von Frau Seligmann wurden im Juni folgende sechs Beträge gebucht:
–98,23 €; +309,01 €; –216,88 €; –27,23 €; +618,28 €; +1 609,25 €. Am Ende des Monats betrug der Kontostand 803,04 €. Wie hoch war der Kontostand am Monatsanfang?

▲ **7.** Subtrahiere das Produkt aus –6 und 2,5 von der Zahl –19.

▲ **8.** Addiert man zu einer Zahl –2, multipliziert das Ergebnis mit –10 und dividiert dann durch 5, so erhält man 100. Wie heißt die Zahl?

9. Übertrage die Pyramide in dein Heft. Die Summe benachbarter Zahlen steht auf dem darüber liegenden Stein. Berechne die fehlenden Werte.

a)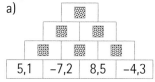

b)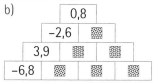

c)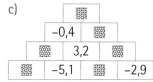

10. Ein magisches Quadrat: Die Summe der Zahlen in jeder Reihe, in jeder Spalte und auch auf den Diagonalen ist immer gleich. Prüfe.
a) Subtrahiere 0,5 von jeder Zahl. Entsteht wieder ein magisches Quadrat?
b) Nimm von allen Zahlen die Hälfte. Ist es wieder ein magisches Quadrat?
c) Verdreifache alle Zahlen im magischen Quadrat und addiere 1. Erhältst du wieder ein magisches Quadrat?
d) Erfinde selbst magische Quadrate mit Brüchen.

-0,2	-0,3	0,2
0,3	-0,1	-0,5
-0,4	0,1	0

▲ −4,8   −24   −4   0,5   1,9   2,3   2,8   4,4

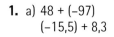

1. a) 48 + (–97)   b) 56,2 + (–3,9)   c) (–6,9) – 2,8   d) 7,03 – (–0,9)
     (–15,5) + 8,3   (–8,2) + (–5,6)   (–8,8) – (–1,2)   (–12,25) + (–3,1)

2. a) (4,5 | –2,8 | –3,5) + (–0,75|–0,25| 0,25)   b) (–2,9 | –3,8 | 2,25) – (1,5 | –0,5 | –2,5)

3. Herr Meyer hat auf seinem Konto ein Guthaben von 998,17 €.
Nun sollen einige monatliche Kosten abgebucht werden.
Berechne den neuen Kontostand.

Ausgaben:	
Miete:	480,00 €
Strom:	182,25 €
Wasser:	76,38 €
Zeitung:	21,05 €
Versicherung:	409,08 €

4. Frau Baum hat auf ihrem Konto Schulden. Der Kontostand ist
–215,00 €. Nun erhält sie eine Lohnzahlung von 1 920,00 €.
Am selben Tag muss aber eine Rechnung über 238,00 € vom
Konto bezahlt werden.

5. Auf dem Konto von Frau Mohr wurden folgende Buchungen vorgenommen: +117,13 €;
–238,09 €; –66,34 €; –123,68 €; –415,27 €. Ihr Kontostand beträgt nun –186,19 €. Wie
hoch war der Kontostand vor den Buchungen?

6. a) (12 | –5,5 | –7,8) · (–2,5 | 3,9 | –6,2)   b) (14 | –2,8 | –1,4) : (–0,7 | –1,4 | 2,8)

7. a) 7 · (–4) – (–12)   b) (7 – 3) · 2 – 0,5   c) 12 · (–0,5) – (–4)
     6 · (–3) + (–8)   (–15) : (–3) – 12 : 4   (–5,5) · (–2) – 3 · (–0,5)

8. a) 3 · ▨ = (–15)   b) (–16) : ▨ = 2   c) ▨ : (–2,5) = 2,5
     ▨ · (–4) = 12   ▨ : (–3) = (–2)   ▨ · (–3,1) = 0,93

9. a) Subtrahiere das Produkt aus (–2,4) und 0,5 von der Zahl (–8,6).
b) Multipliziere die Summe aus (–3,2) und (–2,5) mit der Differenz aus 3,8 und (–0,5).

10. Starte mit (–42,5) und subtrahiere viermal die Zahl (–11,2). Welche Endzahl erhältst du?

11. Starte mit (–27,1) und addiere fünfmal die Zahl (–19,9). Welche Endzahl erhältst du?

12. Subtrahiere von der Startzahl dreimal die Zahl (–7,8) und du erhältst als Endzahl die Zahl
48,7. Startzahl?

13. Olga hat 95,42 € Schulden bei ihrer Mutter. Sie zahlt zuerst 45 €, dann 46 € zurück.
a) Ist Olga jetzt bei ihrer Mutter schuldenfrei?
b) Stelle eine weitere Frage und gib dazu eine Antwort.

14. Severin hat ein Guthaben von 54,27 €. Er hebt zweimal 45 € ab. Berechne den neuen Kontostand.

15. a) Alexander hat 57,18 € Schulden. Er zahlt zweimal den gleichen Betrag ein. Nun hat er ein
Guthaben von 17,58 €.
b) Ina hat ein Guthaben von 62,15 €. Nun hebt sie zweimal den gleichen Betrag ab. Jetzt hat
sie noch 28,29 € Schulden.

1. Zerlege in drei Faktoren. Nur die Zahl 1 ist als Faktor verboten. Gib mehrere Möglichkeiten an.

   a) 60 $\quad$ = ▨ · ▨ · ▨ $\qquad$ d) 1 Million = ▨ · ▨ · ▨ $\qquad$ g) $\frac{1}{12}$ = ▨ · ▨ · ▨

   b) (−48) = ▨ · ▨ · ▨ $\qquad$ e) 3,6 $\quad$ = ▨ · ▨ · ▨ $\qquad$ h) $\frac{8}{27}$ = ▨ · ▨ · ▨

   c) (−12) = ▨ · ▨ · ▨ $\qquad$ f) $\frac{1}{8}$ $\quad$ = ▨ · ▨ · ▨ $\qquad$ i) 1 $\quad$ = ▨ · ▨ · ▨

2. Setze die Folge um drei Glieder fort.

   a) 4 $\frac{1}{4}$ 9 $\frac{1}{9}$ 16 $\frac{1}{16}$ ... $\qquad$ b) 0,01 0,04 0,09 0,16 ... $\qquad$ c) 0,8 (−0,4) 0,2 (−0,1) ...

3. Wie geht es nach rechts weiter? Schreibe in dein Heft. Was stellst du fest?

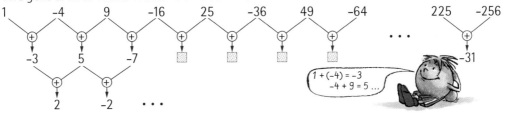

1 $\quad$ −4 $\quad$ 9 $\quad$ −16 $\quad$ 25 $\quad$ −36 $\quad$ 49 $\quad$ −64 $\qquad\qquad$ 225 $\quad$ −256

−3 $\quad$ 5 $\quad$ −7 $\quad$ ▨ $\quad$ ▨ $\quad$ ▨ $\quad$ ▨ $\qquad\qquad$ −31

2 $\quad$ −2 $\quad$ ...

$1 + (−4) = −3$
$−4 + 9 = 5$ ...

4. In einer Januarwoche wurden die Temperaturen jeweils um 8.00 Uhr und 13.00 Uhr gemessen.
   a) An welchen Tagen sind die Temperaturschwankungen am größten?
   b) Wie hoch war die Durchschnittstemperatur um 8.00 Uhr in dieser Woche?
   c) In einer Februarwoche waren um 8.00 Uhr die Temperaturen durchschnittlich 0 °C. Welche Messwerte können es gewesen sein? Gib zwei Möglichkeiten an.

	Mo	Di	Mi	Do	Fr	Sa	So
Temperaturen um 8.00 Uhr	2 °C	−3 °C	−4 °C	−2 °C	1 °C	−1 °C	0 °C
um 13.00 Uhr	8 °C	2 °C	0 °C	3 °C	5 °C	4 °C	6 °C

Wurzel und Trieb einer Pflanze

5. Die Tabelle und das Diagramm zeigen das Wachstum von Wurzel und Trieb einer Pflanze.
   a) Übertrage die Tabelle in dein Heft und er-gänze die Werte für den 16. bis 20. Tag.
   b) Am wie vielten Tag etwa sprießt die Pflanze aus dem Boden?
   c) Wie lange dauert es, bis der Trieb höher als ein halber Meter ist?
   d) Wann erreicht die Wurzel eine Tiefe von etwa 20 cm?

6. a) Wie viel Zentimeter sind es von der Trieb-spitze bis zur Wurzeltiefe am 20. Tag?
   b) Nach 30 Tagen ist die Pflanze ausgewach-sen. Sie ist dann 85 cm hoch. An welchem Tag hatte sie etwa 10 % der maximalen Höhe erreicht, an welchem etwa 50 %?
   c) Ist die Zuordnung Tage → Pflanzenhöhe proportional? Begründe deine Antwort.

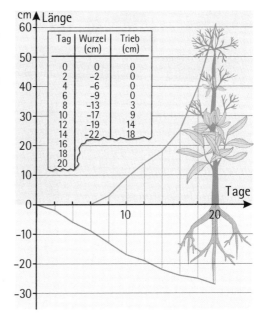

Tag	Wurzel (cm)	Trieb (cm)
0	0	0
2	−2	0
4	−6	0
6	−9	0
8	−13	3
10	−17	9
12	−19	14
14	−22	18
16		
18		
20		

Terme und Gleichungen

1. Herr Roth transportiert 9 Säcke, die insgesamt 320 kg wiegen. Es sind 40-kg-Säcke mit Mörtel und 30-kg-Säcke mit Fertiggips. Wie viele Säcke jeder Sorte sind es?

2. In einem Einkaufswagen liegen 5-kg-Säcke und 4-kg-Tüten mit Fugenbunt, insgesamt 40 kg. Es sind weniger Säcke als Tüten. Wie viele Säcke und wie viele Tüten liegen im Einkaufswagen? Probiere und kontrolliere.

1. Herr Bauer möchte Reparaturen in seiner Wohnung ausführen. Mit zwei Säcken von jedem der Baustoffe kommt er aus. Reichen 30 €? Überschlage zuerst, dann berechne den genauen Rechnungsbetrag.

Preise für 5-kg-Säcke	
Gips	2,40 €
Mörtel	3,10 €
Fugenbunt	4,60 €
Zement	2,60 €

2. Frau Arp kauft je drei Säcke Gips und Mörtel, zwei Säcke Fugenbunt und einen Sack Zement. Wie viel Euro muss sie bezahlen?

3. Was wurde im Baumarkt gekauft? Wie viel Euro muss der Kunde zahlen?

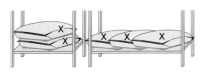

$2 \cdot 2,40 € + 3 \cdot 4,60 €$

$2,60 € + 2 \cdot 3,10 €$

$4 \cdot 2,40 € + 3 \cdot 2,60 €$

4. Herr Bielak kauft Fugenbunt und je zwei Säcke mit Gips und Mörtel. Er zahlt 24,80 €. Wie viele 5-kg-Säcke Fugenbunt kauft er?

5. In einem Regal des Baumarktes liegen zwei Säcke mit Kieselsteinen, im Regal daneben noch drei weitere. Jeder Sack enthält x Kilogramm. Erkläre die Rechenausdrücke. Übertrage die Tabelle in dein Heft und ergänze die fehlenden Werte bis x = 50 kg.

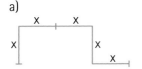

x	2x	3x
10 kg	20 kg	30 kg
15 kg	30 kg	45 kg
20 kg	40 kg	▨ kg

$2x = 2 \cdot x$

$x + x = 2 \cdot x = 2x \qquad x + x + x = 3 \cdot x = 3x$

6. Gib einen Term für die Länge des Streckenzuges an. Berechne die Länge des Streckenzuges. Länge eines Stückes: 2 cm, 7 cm, 2,5 cm.

a)

b)

c)

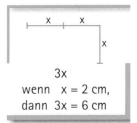

$3x$
wenn   x = 2 cm,
dann $3x = 6$ cm

7. a) $2x + 3x$ b) $7y + 4y$ c) $15u + u + 7u$ d) $v + v + v + 6v$

8. In einem Beutel sind x Münzen. Wie viele Münzen waren am Anfang da, wie viele werden weggenommen, wie viele bleiben übrig? Schreibe wie im Beispiel: $5x - 2x = 3x$

a)

b)

c)

9. Vereinfache, dann setze ein und rechne aus. Setze x = 2,5.
a) $6x - 2x$ b) $10x - 2x + x$ c) $48x - 9x - 6x$ d) $13x + 4x - 5x$

10. a) Prüfe nach: Wenn du für x die Werte 0, 1 oder 2 einsetzt, so hat der Term $2x + 3$ die angegebenen Werte. Ergänze die Tabelle bis x = 5.
b) Gib auch für die beiden rechten Spalten einen passenden Term an.

x	2x + 3	▨	▨
0	3	5	5
1	5	7	11
2	7	9	17

1. In jedem Beutel befinden sich gleich viele Münzen. Daneben liegen noch einzelne Münzen. Die Beutel und die einzelnen Münzen werden anders angeordnet. Erkläre die Bilder und die Terme. Welcher Term ist für dich der einfachste?

$$2 \cdot x + 2 + x + 3 \qquad\qquad 3 \cdot x + 2 + 3 \qquad\qquad 3 \cdot x + 5$$

2. Ordne, dann fasse zusammen. Schreibe wie im Beispiel.

a) 2x + 3 + x + 5	b) 3a + 2 + 6a + 9
7x + 1 + x + 6	2a + 8 + 7a + 3
4x + 8 + 7 + x	9a + 3 + 15 + a

$2x + 2 + x + 3 =$
$2x + x + 2 + 3 =$
$3x + 5$

3. In jedem Beutel befinden sich x Münzen. Wie viele Münzen waren zuerst da, wie viele werden weggenommen, wie viele bleiben übrig? Erkläre die Umformungen.

$3x + 3 - x - 2 =$
$3x - x + 3 - 2 =$
$2x + 1$

4. Ordne, dann fasse zusammen.

a) 5x − 3 − x	b) 10a + 9 − 8a − 7	c) r + 6 + 2r − 4 + 3r
10 + x − 4 + 3x	20a + 6 − 9a − 3	r + 8 + 2r − 7 − 3r
6x − 3 + 2x − 3x	5b + 8 − 3b − 2b	6 + 4r − 2 − r − 4

5. a) Erkläre am Bild: Die Terme $3 \cdot (2x)$ und 6x liefern immer den gleichen Wert, gleichgültig wie viele Münzen x in den Beuteln sind.
   b) Die beiden Gleichungen gelten immer. Prüfe. Setze für x die Werte 10, 1 und 0 ein.

$$3 \cdot (2x) = 6x \qquad\qquad (6x) : 3 = 2x$$

6. Vereinfache die Terme.

a) 5 · (2x)	b) (3x) · 2	c) 0,5 · (4x)	d) (0,5x) · 6	e) (4x) : 2	f) (5x) : 2
3 · (5x)	(7x) · 3	0,3 · (5x)	(0,7x) · 5	(9x) : 3	(3x) : 4

7. Statt (6x) : 3 schreibt man auch $\frac{6x}{3}$. Erkläre: $\frac{6x}{3} = 2x$. Vereinfache die Terme.

a) $\frac{21a}{7}$ b) $\frac{12b}{4}$ c) $\frac{6x}{2}$ d) $\frac{24x}{4}$ e) $\frac{35x}{5}$ f) $\frac{49x}{7}$ g) $\frac{56x}{8}$

8. a) Im Bild steht x für die Anzahl der Münzen in jedem Beutel. Die Terme $3 \cdot (x + 2)$ und $3x + 3 \cdot 2$ liefern für jeden Wert von x das gleiche Ergebnis. Erkläre.
   b) Die Gleichung gilt immer. Prüfe durch Einsetzen. Wähle für x die Werte 10, 1 und 0.

$$3 \cdot (x + 2) = 3x + 3 \cdot 2$$

9. Forme um, dann setze ein und rechne aus. Setze für x die Werte 100 und 20 ein.

a) 5 · (x + 3)   b) 6 · (x + 3)   c) 8 · (x + 4)   d) 16 · (x + 5)   e) 90 · (x + 7)

1. Ein Rechteck wird um ein gleich breites Rechteck unbestimmter Länge ergänzt. Erkläre die
beiden Möglichkeiten zur Berechnung des
Flächeninhalts (Maße in Zentimetern).
$A = 3 \cdot 7 + 3x$ $A = 3 \cdot (7 + x)$

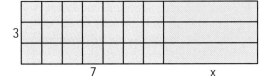

2. Gib für das Rechteck zwei Möglichkeiten zur Flächenberechnung an (Maße in Zentimetern).
a) 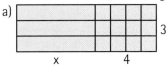   b) 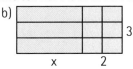   c)

3. Schreibe ohne Klammern wie im Beispiel.
a) $(7 + y) \cdot 4$ b) $6 \cdot (x + 5)$ c) $6 \cdot (a + 1)$ d) $2 \cdot (3,2x + 5,3)$
$(9 - y) \cdot 2$ $8 \cdot (7 - x)$ $9 \cdot (2 - b)$ $3 \cdot (4,7x - 2,5)$
$(6 + y) \cdot 5$ $7 \cdot (x + 7)$ $(3 + b) \cdot 5$ $(1,4x + 3,7) \cdot 2$
$(4 - y) \cdot 3$ $8 \cdot (1 - x)$ $(a - 4) \cdot 4$ $(0,7 - 1,5) \cdot 4$

> $(7 + y) \cdot 4$
> $= 7 \cdot 4 + y \cdot 4$
> $= 28 + 4y$

4. Forme um in einen Term ohne Klammern.
a) $(2x - 0,4) \cdot 3$ b) $(2x + 0,5) \cdot 6$ c) $4 \cdot (1,5 + 5x)$ d) $2 \cdot (1,25 - 3x)$
$(3x + 1,6) \cdot 5$ $(4x + 2,2) \cdot 7$ $5 \cdot (1,4 + 3x)$ $6 \cdot (3,5 - 2x)$

5. Rechne wie im Beispiel. Dann berechne zuerst den Wert der
Klammer und dividiere dann. Erhältst du das gleiche Ergebnis?
a) $(27 + 36) : 9$ b) $(45 - 15) : 5$ c) $(36 - 12) : 6$
$(8 + 16) : 4$ $(63 + 14) : 7$ $(54 - 18) : 6$

> $(6 + 18) : 3 = 6 : 3 + 18 : 3$
> $(6 + 18) : 3 = 24 : 3$

6. Erkläre das Beispiel, dann vereinfache ebenso.
a) $(4x + 18) : 2$ b) $(9y - 6) : 3$ c) $(7a + 14) : 7$
$(7x + 28) : 7$ $(8y - 4) : 4$ $(8a - 24) : 8$
$(6x + 12) : 6$ $(6y - 6) : 6$ $(4a + 32) : 4$

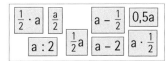

7. a) In den Termen steht a für eine Zahl. Welche der Terme bezeichnen die Hälfte von a? Prüfe. Setze für a ein: 4, 20, 100.
b) Schreibe mehrere Terme für ein Drittel einer Zahl a auf.
Setze geeignete Zahlen ein und prüfe.

$\boxed{\frac{1}{2} \cdot a}$ $\boxed{\frac{a}{2}}$ $\boxed{a - \frac{1}{2}}$ $\boxed{0,5a}$
$\boxed{a : 2}$ $\boxed{\frac{1}{2}a}$ $\boxed{a - 2}$ $\boxed{a \cdot \frac{1}{2}}$

8. Gib mindestens drei verschiedene Terme an.
a) Das Vierfache von a   b) Ein Viertel von a   c) a vermindert um 4   d) a vergrößert um 4

9. Zum Aufgabentext können mehrere Terme passen. Ordne zu.
a) Die Summe von x und 3
b) Die Differenz von x und 3
c) Das Doppelte der Summe von x und 3
d) Die Summe aus dem Doppelten von x und 3
e) Die Summe von x und der Hälfte von 3
f) Die Hälfte der Summe von x und 3

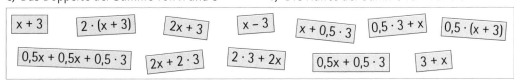

1. Auf der Waage liegen gleiche Klötze mit unbekanntem Gewicht x und Gewichtssteine. Erkläre die Bestimmung des Gewichts x an der Waage und die entsprechende Umformung der Gleichung. Statt 2 · x schreiben wir 2x.

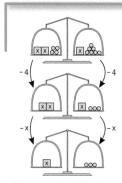

$$2x + 4 = x + 7 \quad | -4$$
$$2x + 4 - 4 = x + 7 - 4$$
$$2x = x + 3 \quad | -x$$
$$2x - x = x - x + 3$$
$$x = \mathbf{3}$$

Probe:

linke Seite: $2 \cdot \mathbf{3} + 4 = 10$
rechte Seite: $\mathbf{3} + 7 = 10$

2. a) $2x = x + 1$ b) $3x = x + 6$
  $5x = x + 4$ $2x = x + 11$

3. a) $x + 8 = 3x$ b) $x + 14 = 8x$
  $x + 4 = 5x$ $x + 28 = 5x$

Gleichung umformen:
Auf beiden Seiten der Gleichung dieselbe Rechnung durchführen.

---

4. a) $7x + 3 = x + 15$ b) $3x + 1 = x + 61$ c) $4x + 6 = x + 36$ d) $7x + 8 = x + 20$
  $5x + 11 = x + 35$ $2x + 9 = x + 15$ $9x + 9 = x + 81$ $9x + 4 = x + 44$

5. a) $7x - 2x = 45$ b) $3x + 13 - x = 23$ c) $7x + 13 - 4x = 22$
  $4x + 4x = 16$ $4x + 11 - x = 29$ $9x + 24 - 7x = 92$

▲ **6.** a) $2x + 5 + 3x = 3x + 11$ c) $9x + 8 - 6x = 4x + 2$
  $7x + 8 - 2x = 4x + 12$ $5x + 3 - 2x = 4x + 1$
  b) $8x + 7 = 4x + 15 + 3x$ d) $3x + 9 = 7x + 5 - 2x$
  $7x + 4 = 3x + 14 + 3x$ $4x + 4 = 9x - 17 - 2x$

- Ordnen
- Zusammenfassen
- Umformen
- Lösen
- Probe

7. a) $x + 2{,}7 = 4{,}2$ b) $7{,}8 + x = 8{,}6$ c) $3x + 0{,}5 = 2{,}0$ d) $0{,}2 + 4x = 1{,}2$
  $x + 3{,}5 = 6{,}0$ $0{,}7 + x = 5{,}3$ $5x + 0{,}9 = 4{,}4$ $0{,}2 + 5x = 1{,}0$

▲ **8.** a) $3{,}5x + 8 = 15$ b) $6 + 1{,}5x = 9$ c) $3{,}2x + 1{,}5 = 5{,}9 + x$ d) $3{,}6x + 2{,}7 = 3x + 3$
  $1{,}2x + 5 = 11$ $5 + 0{,}7x = 12$ $1{,}5x + 2{,}4 = 1{,}2x + 3{,}3$ $2{,}5x + 3{,}8 = 2{,}4 + 6x$
  $1{,}8x + 7 = 25$ $8 + 3{,}2x = 24$ $1{,}6x + 2{,}8 = 1{,}2x + 4{,}4$ $3{,}5x + 3{,}8 = 6{,}2 + 0{,}3x$

9. Schreibe zuerst ohne Klammern. Dann löse die Gleichung.
  a) $2 \cdot (4{,}6 + x) = 12{,}2 + x$ b) $1{,}2 \cdot (x + 3{,}6) = 1{,}5 + 3{,}2$ c) $4 \cdot (2x + 4{,}3) = 6x + 18{,}2$
  $3 \cdot (1{,}2 + x) = 14{,}6 + 2x$ $2{,}8 \cdot (x + 4{,}2) = 3{,}5 + 10{,}5$ $5 \cdot (3x + 1{,}2) = 6x + 9{,}6$
  $7 \cdot (2{,}1 + x) = 23{,}7 + 4x$ $4{,}2 \cdot (x + 0{,}8) = 1{,}5x + 2{,}7$ $6 \cdot (2x + 3{,}7) = 1{,}4x + 21{,}2$

10. Erkläre die Lösungsschritte im Beispiel, dann löse ebenso.
  a) $\frac{3x}{5} = 9$ b) $\frac{6x}{7} = 18$ c) $\frac{2x}{3} = 4$ d) $\frac{6x}{5} = 12$

  $\frac{8x}{5} = 24$ $\frac{9x}{10} = 36$ $\frac{5x}{4} = 10$ $\frac{3x}{2} = 18$

Gleichung: $\frac{3x}{5} = 9 \quad | \cdot 5$
    $3x = 45 \quad | : 3$
    $x = \mathbf{15}$

Probe:
linke Seite: $\frac{3 \cdot 15}{5} = 9$
rechte Seite: 9

11. Beachte: $(5x) : 8 = \frac{5x}{8}$. Löse die Gleichungen.
  a) $(5x) : 8 = 20$ $(7x) : 4 = 14$ b) $(9x) : 2 = 18$ $(8x) : 3 = 24$

▲ 0,4 0,5 0,75 2 2 2 2 2 3 3 4 4 5 5 6 7 8 10 10 10

1. Thomas denkt sich eine Zahl. Wenn er die Zahl mit 3 multipliziert und dann 7 subtrahiert, erhält er 26. Wie heißt die Zahl? Erkläre das Streckenbild. Prüfe die Gleichung und die Lösung. Denke an die Probe.

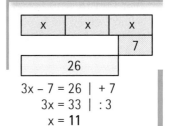

$$3x - 7 = 26 \quad | +7$$
$$3x = 33 \quad | :3$$
$$x = \mathbf{11}$$

2. Löse wie im Beispiel. Vergiss die Probe nicht.
- a) $5x - 10 = 30$
  $9x - 13 = 68$
  $10x - 9 = 61$
- b) $7x - 8 = 69$
  $5x - 13 = 117$
  $27x - 9 = 99$
- c) $8x - 4 = 92$
  $7x - 5 = 79$
  $6x - 8 = 76$

3. Julia denkt sich eine Zahl. Wenn sie 3 vom Vierfachen der Zahl subtrahiert, erhält sie dasselbe, wie wenn sie 5 zum Doppelten der Zahl addiert. Erkläre die Lösung. Mache die Probe.

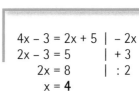

$$4x - 3 = 2x + 5 \quad | -2x$$
$$2x - 3 = 5 \quad\quad | +3$$
$$2x = 8 \quad\quad | :2$$
$$x = \mathbf{4}$$

4.
- a) $8x - 3 = 6x + 7$
  $4x - 4 = 3x + 4$
  $7x - 67 = 5x + 5$
- b) $5x - 4 = 3x + 12$
  $8x - 9 = 4x + 27$
  $9x - 6 = 7x + 38$

▲ **5.**
- a) $8x - 7 = 5x + 8$
  $9x - 7 = 3x + 5$
- b) $7x - 10 = 6x - 4$
  $5x - 29 = 3x - 9$
- c) $9x - 25 = 2x + 38$
  $9x - 14 = 3x + 16$
- d) $3{,}7x - 1{,}3 = 21{,}1 + 0{,}5x$
  $1{,}9x - 2{,}5 = 0{,}1x + 4{,}7$

6. Maria kauft zwei gleiche Ringbücher. Sie bezahlt mit einem 10-€-Schein und erhält 2 € zurück. Wie teuer ist ein Ringbuch? Erkläre die Lösung. Mache die Probe.

$$10 - 2x = 2 \quad\quad | +2x$$
$$10 = 2 + 2x \quad | -2$$
$$8 = 2x \quad\quad | :2$$
$$\mathbf{4} = x$$

7.
- a) $90 - 2x = 16$
  $80 - 3x = 44$
- b) $27 = 76 - 7x$
  $10 = 70 - 4x$
- c) $19 = 97 - 6x$
  $12 = 48 - 4x$

▲ **8.**
- a) $12x + 20 = 96 - 7x$
  $10x - 29 = 62 - 3x$
- b) $40 - 3x - 28 = 11x - 30$
  $59 - 2x + 13 = 10x + 12$
- c) $7{,}7 - 0{,}4x - 1{,}4 = 0{,}6x - 7$
  $5{,}6 - 0{,}2x - 1{,}6 = 0{,}2x + 0{,}8$

▲ **9.** Auch diese Gleichungen kannst du durch Umformen lösen. Vergiss die Probe nicht.
- a) $15 - 3x = 13 - 2x$
  $27 - 8x = 24 - 5x$
  $56 - 5x = 49 - 4x$
- b) $43 - 4x = 39 - 2x$
  $58 - 7x = 43 - 4x$
  $83 - 5x = 67 - 3x$
- c) $7{,}3 - 1{,}2x = 5{,}8 - 0{,}9x$
  $7{,}6 - 0{,}5x = 9{,}2 - 1{,}3x$
  $9{,}9 - 0{,}9x = 8{,}1 - 0{,}7x$

10.

Welche Gleichung gehört zum Rätsel? Wie heißt die Zahl?

a) Wenn du die Zahl mit 5 multiplizierst und vom Ergebnis 7 subtrahierst, erhältst du 3.

c) Das Fünffache der Zahl ist um 7 größer als das Dreifache der Zahl.

b) Wenn du zum Fünffachen der Zahl das Dreifache der Zahl addierst, ist das Ergebnis um 3 größer als das Siebenfache der Zahl.

d) Die Differenz zwischen dem Siebenfachen und dem Fünffachen der Zahl ist so groß wie die Differenz zwischen dem Dreifachen der Zahl und 5.

$5x = 3x + 7$ $7x - 5x = 3x - 5$ $5x - 7 = 3$ $5x + 3x = 7x + 3$

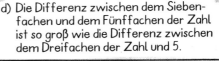

▲ 1 2 2 2 2 3 4 4 5 5 5 5 5 6 7 7 7 8 8 9 9 10 13,3

1. Ann-Christin denkt sich eine Zahl. Wenn sie zu der Zahl 8 addiert, erhält sie 5. Welche Zahl hat sich Ann-Christin gedacht? Erkläre die Gleichung und prüfe die Umformungen. Mache auch die Probe.

$$x + 8 = 5$$
$$x + 8 - 8 = 5 - 8$$
$$x = -3$$

2. Bei diesen Gleichungen sind die Lösungen negativ. Vergiss die Probe nicht.

a)	b)	c)	d)	e)
$x + 7 = 2$	$x + 3 = -1$	$x - 3 = -6$	$x + 1{,}2 = 0{,}5$	$5 + x = -9$
$x + 9 = 3$	$x + 8 = -4$	$x - 1 = -2$	$x + 3{,}7 = 1{,}8$	$5 - x = 9{,}1$
$x + 9 = 0$	$x + 1 = -1$	$x - 2 = -7$	$x + 0{,}2 = 0{,}2$	$5 - x = 19$

3. Schreibe eine Gleichung auf und bestimme die unbekannte Zahl. Vergiss die Probe nicht.
  a) Wenn du die Zahl zu 3,5 addierst, erhältst du 2,5.
  b) Wenn du die Zahl von 3,5 subtrahierst, erhältst du 4,5.
  c) Wenn du zu der Zahl 1,5 addierst, erhältst du 0.
  d) Wenn du von der Zahl 1,5 subtrahierst, erhältst du −3.
  e) Das Doppelte der Zahl ist nur um 3 kleiner als die Zahl.
  f) Addiere 5 zum Doppelten der Zahl, und du erhältst Null.

- Schreibe x für die Zahl.
- Stelle eine Gleichung auf.
- Löse die Gleichung.
- Mache die Probe.

4. Erkläre, wie Jana und Denis dieselbe Gleichung lösen. Erhalten beide das gleiche Ergebnis?

5. Löse die Gleichungen wie Jana oder wie Denis.
  a) $0{,}5x = -3$ b) $0{,}1x = 1$ c) $0{,}25x = 1$
     $0{,}5x = -1{,}2$ $0{,}1x = -4$ $0{,}25x = -3$

Jana:
$$0{,}5x = -6 \quad | : 0{,}5$$
$$x = (-6) : 0{,}5$$
$$x = \blacksquare$$

Denis:
$$0{,}5x = -6 \quad | \cdot 2$$
$$2 \cdot 0{,}5x = 2 \cdot (-6)$$
$$x = \blacksquare$$

6. a) Die Hälfte einer Zahl ist −7. Brauchst du dazu eine Gleichung? Prüfe deine Lösung.
  b) Das Doppelte einer Zahl ist um 3 größer als diese Zahl. Erkläre einer Mitschülerin oder einem Mitschüler, wie du dieses Zahlenrätsel löst und die Probe machst.

7. Im linken Kasten stehen die Gleichungen, im rechten stehen die Lösungen. Ordne zu.

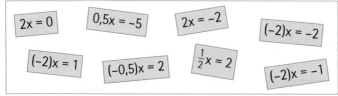

$2x = 0$ $0{,}5x = -5$ $2x = -2$ $(-2)x = -2$
$(-2)x = 1$ $(-0{,}5)x = 2$ $\frac{1}{2}x = 2$ $(-2)x = -1$

4 -1 $-\frac{1}{2}$ -10 1 0 -4 $\frac{1}{2}$

▲ **8.** Die Lösung ist eine negative Zahl. Bestimme sie mit einer Gleichung.
  a) Wenn du von der Zahl 2 subtrahierst, erhältst du das Doppelte der Zahl.
  b) Wenn du zum Neunfachen der Zahl 8 addierst, erhältst du das Siebenfache der Zahl.
  c) Das Dreifache der Zahl ist um 4 größer als ihr Fünffaches.
  d) Das Doppelte der Zahl ist um 7 größer als ihr Dreifaches.

▲ **9.** Bei einigen Gleichungen ist die Lösung positiv, bei anderen negativ.

a)	b)	c)	d)
$x - 4 = 20$	$7x + 9 = 4x$	$2{,}5 + 3x = 4x - 1{,}8$	$2{,}4 \cdot (x + 0{,}5) = 3{,}6 + 1{,}2x$
$(-4) \cdot x = 20$	$7x - 4x = 9$	$2{,}5 - 3x = 4x + 1{,}8$	$3{,}6 \cdot (x + 0{,}5) = 2{,}4 + 1{,}2x$
$-4 - x = 20$	$-7x + 4x = 9$	$2{,}5 + 4x = 3x + 1{,}8$	$2{,}4 \cdot (x - 0{,}5) = 3{,}6 + 1{,}2x$
$4x = 20$	$4x + 9 = 7x$	$2{,}5 - 4x = 3x + 1{,}8$	$2{,}4 \cdot (0{,}5 - x) = 3{,}6 - 1{,}2x$

▲   −24   −7   −5   −4   −3   −3   −2   −2   −2   −0,7   0,1   0,1   0,25   2   3   3   4   4,3   5   24

1. Aus einem 80 cm langen Drahtstück wird eine Figur gebogen. Bestimme die fehlende Länge mit einer Gleichung. Mache die Probe.

a)
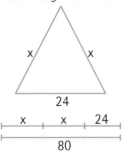

b)
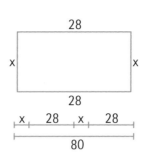

c)
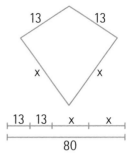

2. Mehmet biegt aus einem 70 cm langen Drahtstück ein Rechteck mit der Länge 24 cm. Wie breit ist das Rechteck? Mache eine Skizze. Dann stelle eine Gleichung auf und löse sie.

3. Frau Claus kauft fünf Flaschen Milch und eine Dose Gebäck zu 3,45 €. Sie zahlt mit einem 10-€-Schein und erhält 3,30 € zurück. Wie teuer ist eine Flasche Milch? Prüfe das Streckenbild und die Gleichung. Erkläre die Lösungsschritte.

1. Setze für die gesuchte Größe x.	x: Preis einer Flasche Milch
2. Zeichne eine Skizze.	

x	x	x	x	x	3,45 €	3,30 €
			10 €			

3. Stelle eine Gleichung auf.	$5x + 3,45 = 10 - 3,3$
4. Löse die Gleichung.	$5x + 3,45 = 6,7 \qquad \mid -3,45$
	$5x = 3,25 \qquad \mid : 5$
	$x = \mathbf{0,65}$
5. Mache die Probe.	Probe: linke Seite: $5 \cdot 0,65 + 3,45 = 6,7$
	rechte Seite: $10 - 3,3 = 6,7$
6. Formuliere eine Antwort.	Eine Flasche Milch kostet 0,65 €.

4. Löse wie im Beispiel von Aufgabe 3. Vergiss die Probe nicht.
    a) Sven kauft 3 Buchumschläge zu 0,45 € je Stück und 4 Hefte. Er zahlt 3,95 €.
    b) Kim kauft 7 Knöpfe. Sie hat eine Gutschrift über 1,30 €, muss aber noch 3,25 € dazu zahlen.

5. Herr Marek und Frau Jahnke verdienen gleich viel. Er gibt für Miete doppelt so viel aus wie sie. Wie hoch ist die Miete von Frau Jahnke?

x	x	1700 €	Herr Marek

x	2 000 €	Frau Jahnke

6. a) Wie teuer ist eine CD?

b) Wie hoch ist eine Monatsrate?

1. Nina schneidet von zwei Dachlatten mit der Länge 480 cm und 400 cm gleich lange Stücke ab. Nachdem sie von der längeren Latte 5 gleiche Stücke und von der kürzeren 3 Stücke abgeschnitten hat, sind die Reststücke gleich lang. Wie lang sind die abgeschnittenen Stücke? Erkläre Ansatz und Lösung.

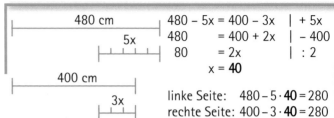

$$480 - 5x = 400 - 3x \quad | + 5x$$
$$480 = 400 + 2x \quad | - 400$$
$$80 = 2x \quad | : 2$$
$$x = \mathbf{40}$$

linke Seite: $480 - 5 \cdot \mathbf{40} = 280$
rechte Seite: $400 - 3 \cdot \mathbf{40} = 280$

2. Henning sägt von zwei gleich langen Leisten 11 gleich lange Stücke ab. Nachdem er von der ersten Leiste 6 Stücke abgesägt hat, bleibt ein Reststück von 20 cm Länge übrig. Von der zweiten Leiste sägt er 5 Stücke ab und behält ein Reststück von 50 cm Länge übrig.
a) Wie lang sind die abgesägten Stücke?   b) Wie lang sind die Leisten, die Henning zersägt?

▲ **3.** Finde zu jeder Aufgabe ein passendes Streckenbild. Welche Größe ist mit x bezeichnet? Stelle die zugehörige Gleichung auf und löse sie.
a) Herr Yilmaz kauft ein Fernsehgerät für 630 €. Er zahlt 240 € an, den Rest zahlt er in 6 gleichen Raten. Wie hoch ist eine Rate?
b) Frau Schwarz hat sechs Monate lang den gleichen Betrag auf ein Konto eingezahlt. Um einen Kühlschrank zu kaufen, hebt sie 240 € ab. Danach hat sie noch 630 € auf dem Konto.

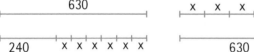
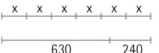
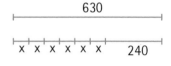

▲ **4.** Zu einem Streckenbild in Aufgabe 3 ist keine Aufgabe angegeben. Schreibe selbst eine Aufgabe auf, zu der es passt. Es gibt viele Möglichkeiten. Löse die zugehörige Gleichung.

▲ **5.** Zwei gleich lange Schrauben wurden in einen Balken geschraubt. Die erste Schraube ist doppelt so tief eingeschraubt wie die zweite. Wie lang sind die beiden Schrauben?

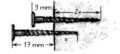

▲ **6.** Von zwei gleich langen Schrauben ragt die erste 25 mm aus einem Brett heraus. Die zweite ist dreimal so tief eingeschraubt wie die erste. Sie ragt 3 mm heraus. Wie lang sind die Schrauben?

7. Eine Wandergruppe legt an einem Tag 18 km zurück. Am Nachmittag wandert die Gruppe 4 km weiter als am Vormittag. Wie viel Kilometer legt die Wandergruppe am Vormittag zurück, wie viel Kilometer am Nachmittag? Zeichne eine Skizze, dann stelle eine Gleichung auf und löse sie.

8. Herr Meissner ist 28 Jahre älter als sein Sohn Jonas. Zusammen sind beide 56 Jahre alt. Wie alt ist Jonas, wie alt ist Herr Meissner?

9. Frau und Herr Engelhorn und ihre Tochter Leonie sind zusammen 100 Jahre alt. Frau Engelhorn ist 3 Jahre jünger als ihr Mann und 27 Jahre älter als Leonie. Wie alt ist Leonie, wie alt sind ihre Eltern?

▲   25   36   65   65   145

1. Geldmünzen kann man durch Wiegen abzählen.
   a) Die Schachtel, in der die 1-€-Münzen sind, wiegt leer 20 g. Wie viele Münzen sind es? Stelle eine Gleichung auf und löse sie.
   b) Das Gewicht der Schachtel mit 1-€-Münzen beträgt: 125 g, 117,5 g, 395 g. Wie viele Münzen sind es?

2. Sarah ruft Meike an einem Mittwoch um 14 Uhr an. Ihr Handy-Guthaben beträgt noch 16,80 €.
   a) Für wie viele Minuten reicht das Guthaben? Stelle eine Gleichung auf. Setze x für die Anzahl der Minuten.
   b) Wie viele Minuten könnte Sarah mit ihrem Guthaben telefonieren, wenn sie erst nach 18 Uhr anruft? Stelle zuerst eine Gleichung auf.

3. Paul hat noch ein Handy-Guthaben von 6,51 €. Wie viele Minuten kann er damit telefonieren? Stelle eine Gleichung auf. Paul telefoniert
   a) montags bis freitags nach 18 Uhr,
   b) am Wochenende.

Kosten pro Minute
Mo – Fr (6–18 Uhr): 80 Cent
Mo – Fr (18–6 Uhr): 30 Cent
Samstag/Sonntag: 7 Cent
Sekundengenaue Abrechnung

▲ 4. Herr Schmid ist Handwerker und benutzt sein Handy nur tagsüber. Er hat einen Vertrag mit dem Anbieter Telemobil. Er führt nur Inlandsgespräche.
   a) Bestimme die Kosten mit Grundgebühr. Gesprächsdauer im Monat: 50 min, 75 min, 150 min.
   b) Wie viele Minuten hat Herr Schmid telefoniert? Monatliche Kosten: 19,75 €, 27,10 €, 40,82 €.

Telemobil
Vertragsbedingungen
Grundgebühr pro Monat: 9,95 €
Minutenpreis (Sekundengenaue Abrechnung):
Jnland (7 Uhr bis 20 Uhr): 0,49 €
City (0 Uhr bis 24 Uhr): 0,07 €

5. Frau Hoffmann hat auch einen Vertrag mit der Telemobil. Sie benutzt ihr Handy nur im City-Bereich. Wie viele Minuten hat sie telefoniert?
   Monatliche Kosten einschließlich der Grundgebühr: a) 11,70 €   b) 15,90 €   c) 23,60 €

6. a) Gib die Parkgebühren im Parkhaus am Bahnhof an.
      Parkdauer: 1 h $1\frac{1}{2}$ h   2 h $2\frac{1}{2}$ h   3 h   4 h
   b) Frau Ludwig muss 5,50 € zahlen. Wie lange hat sie wohl geparkt?
   c) Tim gibt als Rechenausdruck für die Parkgebühren 2,50 + 1,50 · x an. Was meint er mit x? Was muss er für x einsetzen bei der Parkdauer in a)?
   d) Berechne x. Parkgebühr: 7,00 €   8,50 €   2,50 €

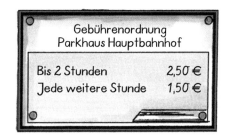

Gebührenordnung
Parkhaus Hauptbahnhof

Bis 2 Stunden   2,50 €
Jede weitere Stunde   1,50 €

7. a) Vier Personen denken sich eine Zahl x und rechnen damit. Schreibe Terme hierzu auf.
      Pia: Das Vierfache der Zahl.   Carmen: 20 plus das Zehnfache der Zahl.
      Lukas: Das Fünffache der Zahl plus 15.   Daniel: Das Siebenfache minus 2.
   b) Welche Ergebnisse erhält Pia (Lukas, Carmen und Daniel) für x = 5, 10, 15, 20?
   c) Alle vier haben 40 als Ergebnis erhalten. Welche Zahlen haben sie sich ausgedacht?

▲   20   34,45   35   46,70   63   83,45

1. Ein Tisch hat eine Fläche von 1,35 m². Er ist 90 cm breit. Erkläre die Berechnung der Länge mit der Formel. Schreibe einen Antwortsatz.

A=1,35 m² b	A = 1,35 m², b = 0,9 m; gesucht: Länge a
a	Formel A = a · b
	1,35 = a · 0,9 | : 0,9
	▨ = a
	Länge des Tisches: ▨ m

▲ **2.** Berechne die fehlende Seite des Rechtecks in Zentimetern.

a) Fläche: 0,63 m²   Breite: 70 cm   b) Fläche: 0,975 m²   Länge: 1,3 m

3. Ein rechteckiger Garten hat eine Fläche von 112,5 m². Er ist 15 m lang.

4. Berechne den fehlenden Wert. Achte auf die Einheiten. Wenn nötig, wandle zuerst um.

	a)	b)	c)	d)	e)	f)
Länge a	50 cm	50 cm	▨ m	▨ cm	85 cm	28 cm
Breite b	1,30 m	▨ cm	34 cm	0,70 m	▨ cm	▨ m
Fläche A	▨ cm²	750 cm²	680 cm²	560 cm²	0,255 m²	0,238 m²

5. a) Eine Mauer wird aus Beton gegossen. Ihre Grundfläche ist 2,4 m lang und 0,3 m breit. Nachdem ein Kübel Beton in die Verschalung gefüllt worden ist, ist die Mauer 0,6 m hoch. Wie viel Kubikmeter Beton waren im Kübel?

   b) Mit einem zweiten Kübel Beton wird die Mauer bereits 1,1 m hoch. Wie viel Kubikmeter Beton sind jetzt in der Verschalung?

6. a) In die Verschalung (Aufgabe 5) werden 0,36 m³ Beton eingefüllt. Wie hoch wird die Mauer damit? Erkläre die Rechnung. Schreibe eine Antwort.

   b) Es wird weiter Beton in die Verschalung gefüllt. Um wie viel Zentimeter wächst die Mauer? Betonvolumen: 0,18 m³   0,54 m³   1,08 m³

V = 0,36 m³ a = 2,4 m b = 0,3 m gesucht: Höhe c
Formel: V   = a · b · c
0,36 = 2,4 · 0,3 · c
0,36 = 0,72 · c | : 0,72
▨ = c
Höhe der Mauer: ▨ m

▲ **7.** Bestimme die fehlende Größe des Quaders. Achte auf die Einheiten.

	a)	b)	c)	d)	e)	f)
Länge a	3 m	80 cm	1,2 m	▨ m	5,4 m	105 cm
Breite b	85 cm	1,4 m	▨ cm	104 cm	▨ m	85 cm
Höhe c	1,6 m	▨ m	50 cm	250 cm	60 cm	▨ m
Volumen V	▨ m³	2,24 m³	0,54 m³	9,1 m³	8,1 m³	3,57 m³

8. Ein quaderförmiger Behälter hat eine quadratische Grundfläche. Die Quadratseiten sind 60 cm lang. Der Behälter fasst 540 *l*. Berechne die Höhe des Behälters.

▲ 2   2,5   3,5   4   4,08   75   90   90

1. Das dreieckige Giebelfenster hat einen Flächeninhalt von 0,66 m². Es ist 1,65 m breit. Wie hoch ist es? Erkläre die Berechnung mit der Formel. Schreibe einen Antwortsatz.

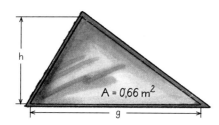

$A = 0{,}66$ m², $g = 1{,}65$ m; gesucht: Höhe h

Formel $A = \frac{g \cdot h}{2}$

$0{,}66 = \frac{1{,}65 \cdot h}{2}$ $| \cdot 2$

$1{,}32 = 1{,}65 \cdot h$ $| : 1{,}65$

▨ $= h$

Höhe des Fensters: ▨ m

2. Der Flächeninhalt eines dreieckigen Fensters beträgt 0,72 m², die Höhe beträgt 1,80 m. Berechne die Breite des Fensters an der Grundseite.

3. Das Vorfahrtsschild hat die Form eines gleichseitigen Dreiecks. Der Flächeninhalt beträgt 1 560 cm². Wie lang sind die Seiten?

▲ **4.** Alle Dreiecke haben einen Flächeninhalt von 24 cm². Berechne x. Runde auf Millimeter (Maße in Zentimetern).

a) 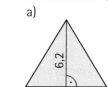   b)   c)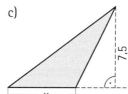

52 cm hoch

5. Beachte: Die Winkelsumme im Dreieck ist 180°, die Winkelsumme im Viereck ist 2 · 180°. Bestimme die Winkel.

a) b) 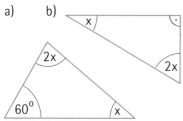   c) 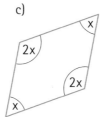   d) e)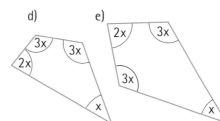

6. In einem gleichschenkligen Dreieck ist der Winkel an der Spitze doppelt so groß wie jeder Winkel an der Basis. Bestimme die Winkel des Dreiecks.

7. Von einem Rechteck sind der Umfang u und die Breite b bekannt. Berechne zuerst die Länge a des Rechtecks, dann seine Fläche.
a) u = 54 cm   b = 13 cm   b) u = 1 m   b = 16,5 cm   c) u = 124 cm   b = 0,3 m

▲ **8.** Der Umfang eines Rechtecks beträgt 88 cm. Die kürzere Seite misst $\frac{1}{3}$ der längeren Seite. Bestimme die Seitenlängen des Rechtecks.

▲ **9.** Aus einem 3 m langen Draht wird ein Rechteck gebogen. Das Rechteck ist doppelt so lang wie breit. Wie lang sind die Seiten des Rechtecks?

▲ 0,5   1   6,4   7,2   7,7   11   33

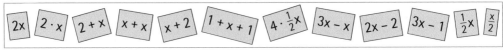

1. Ordne, dann fasse zusammen.

a) $3x + x + 7$ $\qquad$ b) $10 + 3x + 6x + 5$ $\qquad$ c) $12a + 9 - 7a + 6$ $\qquad$ d) $15 + 6a - 4 - 2a$
$\quad\;\; 8 + 2x + 9 + x$ $\qquad\quad\;$ $12 + 4x - 5 + 7x$ $\qquad\quad\;$ $10a + 8 - 2a + 4$ $\qquad\quad$ $28 + 7a - 5 - 3a$

2. Vereinfache den Term. $\qquad$ a) $(2x + 3) \cdot 4$ $\qquad$ b) $(8x + 12) : 4$ $\qquad$ c) $(12a - 9b) : 3$

3. a) Welche Terme bezeichnen das Doppelte von einer beliebigen Zahl x?
$\quad$ b) Welche Terme bezeichnen die Zahl, die um 2 größer ist als x?

$\boxed{2x}$ $\boxed{2 \cdot x}$ $\boxed{2 + x}$ $\boxed{x + x}$ $\boxed{x + 2}$ $\boxed{1 + x + 1}$ $\boxed{4 \cdot \tfrac{1}{2}x}$ $\boxed{3x - x}$ $\boxed{2x - 2}$ $\boxed{3x - 1}$ $\boxed{\tfrac{1}{2}x}$ $\boxed{\tfrac{x}{2}}$

4. Löse die Gleichungen. Mache auch die Probe.

a) $7x + 32 = 60$ $\qquad$ b) $65 = 7x + 16$ $\qquad$ c) $13x + 23 = 6x + 44$ $\qquad$ d) $7x + 3 = 14 - 4x$
$\quad\;\; 8x + 4{,}5 = 8{,}5$ $\qquad\quad$ $100 = 16 + 4x$ $\qquad\quad\;$ $16x - 17 = 12x - 1$ $\qquad\quad$ $9 - 4x = 7 - 3x$

5. Löse die Gleichungen. Die Lösung kann auch eine negative Zahl sein.

a) $16x - 13 = 25 - 3x$ $\qquad$ b) $4x + 5 = 5x + 7$ $\qquad$ c) $3{,}8x - 10 + 4{,}1x = 2{,}5x - 1{,}9$
$\quad\;\; 25x - 19 = 77 - 7x$ $\qquad\quad\;$ $5x - 4 = 7x - 8$ $\qquad\quad\;$ $5{,}7x + 2{,}5 - 3{,}2x = 0{,}5x + 5{,}5$
$\quad\;\; 24x + 17 = 81 - 8x$ $\qquad\quad\;$ $3x + 5 = 5x + 9$ $\qquad\quad\;$ $3{,}7x + 3{,}4 - 2{,}2x = 0{,}1x + 0{,}6$

6. a) $x - 5 \cdot (3{,}6 - x) = 3x$ $\qquad$ b) $x + 2 \cdot (x - 4) = 2x + 1$ $\qquad$ c) $5 \cdot x + 7 \cdot (10 - x) = 9 \cdot x + 26$

7. a) Wenn du 47 zum Doppelten einer Zahl addierst, erhältst du 75. Wie heißt die Zahl?
$\quad$ b) Sascha addiert das Fünffache einer Zahl zu 12 und halbiert dann die Summe. Er erhält das-
$\qquad$ selbe Ergebnis, wenn er die Hälfte der Zahl von 48 subtrahiert.

8. Ali schneidet von zwei Leisten mit der Länge 360 cm und 400 cm gleich lange Stücke ab.
Nachdem er von der längeren Leiste 7 Stücke und von der anderen Leiste 3 Stücke abge-
schnitten hat, sind die Reststücke gleich lang. Wie lang sind die abgeschnittenen Stücke?
Stelle eine Gleichung auf und löse sie.

9. a)
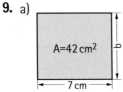
$\quad$ b)
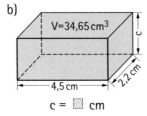
$\quad$ c)

$\quad$ d)
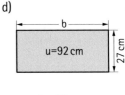

$\quad$ b = ▨ cm $\qquad\qquad$ c = ▨ cm $\qquad\qquad$ g = ▨ cm $\qquad\qquad$ b = ▨ cm

10. Luise biegt aus einem 90 cm langen Draht ein Fünfeck mit gleich langen Seiten. Dabei bleiben
15 cm Draht übrig. Wie lang sind die Seiten des Fünfecks?

11. Ein rechteckiger Platz hat den Umfang 90 m. Die eine Seite ist 5 m länger als die andere Seite.
Wie lang sind die Seiten?

12. Ein Dreieck hat den Flächeninhalt 378 cm². Bestimme die Höhe. Die Grundseite beträgt:
$\quad$ a) 18 cm $\qquad$ b) 14 cm $\qquad$ c) 42 cm $\qquad$ d) 84 cm $\qquad$ e) 9 cm $\qquad$ f) 21 cm

1. Hexenkessel. Stelle Aufgaben wie im Beispiel zusammen: $2\frac{1}{4} \cdot 2\frac{2}{5} = \frac{9}{4} \cdot \frac{12}{5} = 5\frac{2}{5}$

a)
b)

2. Zeichne eine Zahlengerade von –12 bis 8 und trage die Zahlen ein.
   a) Addiere (subtrahiere) zwei Zahlen. Das Ergebnis soll zwischen –4 und 0 liegen.
   b) Verdopple (halbiere) die Zahlen. Für welche Zahlen liegt das Ergebnis zwischen –3 und 3?

3. Zeichne drei verschiedene Rechtecke mit A = 30 cm^2. Färbe jeweils 25 % der Rechteckfläche.

4. In der Tabelle stehen Angaben über Dreiecke.
   a) Übertrage die Tabelle in dein Heft. Ergänze bis zur Grundseite 10 cm. Berechne den Flächeninhalt der Dreiecke.
   b) Ist die Zuordnung Grundseite → Flächeninhalt proportional? Begründe deine Antwort.
   c) Welche Grundseite gehört zum Flächeninhalt 40 cm^2?

Dreiecke mit Höhe h = 5 cm	
Grund-seite g	Flächen-inhalt A
1 cm	2,5 cm^2
2 cm	5 cm^2

5. a) Miss die Seiten eines DIN-A4-Blattes. Berechne den Flächeninhalt des Blattes.
   b) Du kannst das Blatt Papier auf zwei Arten zu einem Zylinder zusammenbiegen. Wie groß ist jeweils der Radius des Zylinders?
   c) Berechne das Volumen der beiden Zylinder, die das Blatt Papier ummanteln kann.
   d) Verfahre ebenso mit einem DIN-A5-Blatt. Vergleiche mit den Ergebnissen in b) und c).

Mobile

6. Die Klasse 8a bastelt Prismen für ein Mobile. Die blauen Flächen sind die Grundflächen.
   a) Welche der blauen Flächen sind spiegel-symmetrisch, welche drehsymmetrisch?
   b) Die Breite des Rechtecks ① beträgt x. Die Länge ist doppelt so groß. Bestimme die Länge und die Breite für x = 4 cm.
   c) Berechne die Flächeninhalte der blau ge-färbten Flächen ① bis ⑥.

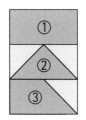
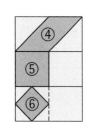

7. Die Prismen sollen 10 cm hoch werden.
   a) Zeichne die Netze der Prismen auf Karton. Bevor du die Netze ausschneidest, denke an die Klebelaschen.
   b) Überlege dir eine Anordnung der Körper am Mobile. Begründe deine Entscheidung.

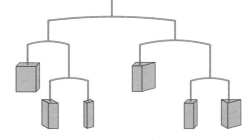

1. Berechne.   a) 17,8 + 1,65   b) 37,05 – 9,89   c) 75,3 · 5,4   d) 237 : 0,3   e) $\frac{4}{5}$: 0,2

2. Welche der 12 Zahlen sind gleich?

$5\frac{1}{3}$ $2\frac{4}{5}$ $4\frac{2}{3}$ $3\frac{2}{10}$ $\frac{16}{5}$ $\frac{14}{3}$ $\frac{16}{3}$ $\frac{14}{5}$ 5,33...   3,2   2,8   4,66...

3. Ordne, beginne mit der kleinsten Zahl: a) $\frac{3}{4}$ 0,705 $\frac{3}{5}$ $\frac{5}{8}$ b) 1,5   –1,5   –$\frac{2}{3}$ 2,3   –2$\frac{1}{3}$

4. a) Skizziere in einem Kreis und in einem Rechteck $\frac{6}{8}$ und $\frac{3}{12}$. Kürze die Brüche.

b) Berechne die Summe, die Differenz und das Produkt der beiden Zahlen $\frac{6}{8}$ und $\frac{3}{12}$.

5. Runde die Zahlen auf Millionen. Zeichne eine Zahlengerade und trage die Zahlen ein.
a = 1,5 Mio.   b = 3 059 000   c = –4 700 000   d = 10 409 000   e = –623 000   f = 5,459 Mio.

6. a) Suche alle Längenangaben heraus und ordne sie der Größe nach. Beginne mit der kleinsten.
b) Suche alle Flächenangaben heraus und ordne sie der Größe nach. Beginne mit der kleinsten.
c) Suche alle Gewichtsangaben heraus und ordne sie der Größe nach. Beginne mit der kleinsten.

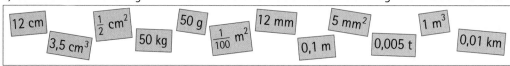

12 cm $\frac{1}{2}$ cm² · 50 g   12 mm   5 mm²   1 m³
3,5 cm³   50 kg $\frac{1}{100}$ m²   0,1 m   0,005 t   0,01 km

7. a) 2,35 km = ▩ m   b) $2\frac{1}{2}$ h = ▩ Minuten   c) 3 l = ▩ cm³   d) $\frac{1}{2}$ m³ = ▩ l

8. Welche dieser Zahlen löst die Gleichung?   –14, –11, –8, –7, 0, 7, 8, 11, 14
a) 2x + 3 = 25   b) 6x – 10 + x = –52 + x   c) 5x – (3 – 2x) = 53

9. Welche Terme geben die „Hälfte einer Zahl a" an? $\frac{a}{2}$ a – 2   0,5 · a $\frac{1}{2}$a $\frac{1}{2}$ · a   a²   2a

10. Miss die Winkel. Übertrage sie in dein Heft.

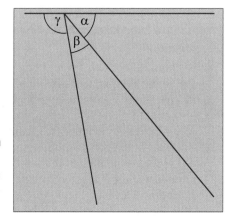

11. Ein Heizöltank ist zu einem Viertel gefüllt. Es werden 2 200 l nachgetankt. Jetzt ist er dreimal so voll wie vorher. Wie viel Liter fasst der Tank?

12. Für Mieterhöhungen gibt es verschiedene Gründe.
a) Zehn Jahre lang betrug die Miete 450 €. Jetzt wird sie um 3,5 % erhöht, weil fast alles teurer geworden ist. Berechne die neue Miete.
b) Wegen Renovierungen im Haus wird eine Miete von 520 € auf 550 € erhöht. Wie hoch ist die Mietsteigerung in Prozent? Runde auf zehntel Prozent.

13. Im Koordinatensystem ist ein Punkt P eingetragen. Welche Angaben beschreiben die Lage von P am besten?
(8|8)   (12|8)   (8|12)   (12|12)

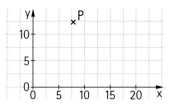

14. Ein DIN-A4-Blatt ist etwa 21 cm breit und 30 cm hoch. Wie viele DIN-A4-Blätter passen auf eine Fläche von 1 m²?

15. Ein Teppichhändler verkauft einen Teppich, den er für 980 € eingekauft hat. Er rechnet mit 25 % Geschäftskosten. Dann möchte er noch 20 % Gewinn machen. Der Kunde muss auch noch zusätzlich 16 % Mehrwertsteuer bezahlen. Welchen Preis muss der Kunde für den Teppich bezahlen?

16. Ein Landwirt kauft eine 90 m lange rechteckige Wiese. Er zahlt dafür 23 940 €. Ein Quadratmeter Wiese kostet 3,50 €.
a) Wie viel Quadratmeter groß ist die Wiese?
b) Begründe: Die Breite der Wiese ist weniger als 80 m. Berechne einen genaueren Wert.
c) Berechne die Länge eines Zauns, der die Wiese einzäunt. Wenn du in b) keinen genaueren Wert gefunden hast, rechne mit dem Wert 80 m für die Breite der Wiese.

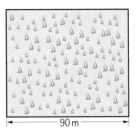

17. Die Skizze zeigt ein Werkstück aus Gusseisen (Maße in cm).
a) Wie viel Kubikzentimeter Gusseisen wurden für das 10 cm tiefe Loch aus dem Material herausgebohrt?
b) Gusseisen wiegt 7,8 g pro Kubikzentimeter. Wie schwer ist das Werkstück? Runde auf zehntel Kilogramm.

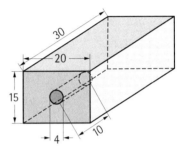

18. Bei Joachims Geburt war seine Mutter gerade 24 Jahre alt. Heute ist sie genau dreimal so alt wie Joachim. Wie alt sind Joachim und seine Mutter heute?

19. Rundflüge mit dem Zeppelin. Das stand in der Zeitung:
„Der Zeppelin NT07 ist 75 m lang. Sein Durchmesser beträgt 15 m, sein Hüllvolumen 8 225 Kubikmeter. NT07 fliegt mit 50 Stundenkilometer durch die Lüfte. Im vergangenen Jahr flogen damit 17 000 Passagiere."
a) Kann das angegebene Volumen des NT07 stimmen? Begründe.
b) Hast du genug Angaben, um die Dauer eines Fluges mit dem NT07 rund um die Erde zu berechnen?
c) Stelle selbst eine Frage und beantworte sie.

20. Alte ägyptische Kreisberechnung: Ein Quadrat wird um einen Kreis gezeichnet und in 9 kleine Quadrate unterteilt. Die Fläche des eingezeichneten unregelmäßigen Achtecks ist ungefähr so groß wie die Kreisfläche.
a) Erkläre, wie das Achteck gezeichnet wird.
b) Wie groß ist der Flächeninhalt des Achtecks? Rechne mit 2 m für den Durchmesser des Kreises.
c) Um wie viel Prozent ist die Kreisfläche größer oder kleiner als die des Achtecks? Runde auf ganze Prozent.
d) Berechne auch den Umfang des Achtecks und vergleiche mit dem Kreisumfang. Beachte dazu: Die Diagonale eines Quadrats ist etwa 40 % länger als die Quadratseite.

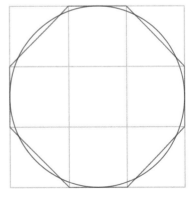

Seite 20

1. a) 1 Mio. 750 Tsd. – 1 800 000 – 1,05 Mrd. – 1 Mrd. 800 Mio. 925 Tsd.   b) 2 854 475 000

2. a) 31 314; 598 236   b) 0,7 Mio.; 758 Mio.   c) 100 100; 17 850 000   d) 543; 7

3. a) $25 \cdot 3135 = 78375$; $3 \cdot 27225 = 81675$; $11 \cdot 7425 = 81675$
   b) $15675 : 25 = 627$; $7425 : 11 = 675$; $15675 : 19 = 825$; $15675 : 15 = 1045$;
      $3135 : 3 = 1045$; $27225 : 25 = 1089$

4. a) 51; 171   b) 22; 4   c) 16; 4   d) 5; 11   e) 5; 80

5. a) $\frac{3}{10}$; $\frac{7}{20}$; $\frac{7}{12}$; $\frac{3}{4}$; $\frac{4}{5}$; $\frac{4}{3}$ b) $\frac{1}{10}$; $\frac{3}{8}$; 0,6; 0,625; 0,75; $\frac{4}{5}$

6. a) 5,54   b) 1,35   c) 0,939   d) 8,84   e) 2,5   f) 2,4
      8,66   5,57   0,396   15,3   10   5,5

7. a) $1\frac{19}{70}$; $2\frac{5}{24}$ b) $\frac{19}{60}$; $3\frac{7}{8}$ c) $3\frac{1}{21}$; $\frac{7}{8}$ d) $\frac{5}{9}$; $\frac{3}{14}$ e) 5; $11\frac{2}{3}$ f) 5; 32

8. a) $A = 0,36$; $B = 0,64$; $C = 0,2$; $D = 6$ b) $A = \frac{1}{15}$; $B = 2\frac{1}{10}$; $C = 1\frac{3}{5}$; $D = 20$ c) $A = \frac{13}{20}$; $B = 2,85$; $C = 4,5$; $D = 1\frac{1}{2}$

9. a) 1,25 m   b) 0,5 m   c) 1 600 g   d) 1 125 ml   e) 2 000 g

10. 15,625 g

11. a) 11 666   b) 16,8 km (Büroklammern innen gemessen)

12. 210-mal

13. 75 Platten

14. Frank fehlen noch 103 €.

Seite 21

1. a) Längen: $\frac{3}{5}$ cm; $6\frac{1}{2}$ cm; 0,2 m; $\frac{1}{1000}$ km; 1,70 m; 1 001 m; 1,01 km; $1\frac{1}{10}$ km;

   Flächen: 0,8 m^2; 4 m^2; 250 m^2; 500 m^2; $\frac{1}{2}$ ha; 400 a;

   Volumen: 7 500 cm^3; 15 000 cm^3; 0,5 m^3; $\frac{3}{4}$ m^3, $1\frac{1}{2}$ m^3;

   b) 0,8 dm^2; 4 dm^2; 250 dm^2; 500 dm^2; $\frac{1}{2}$ a; 400 m^2

2. a) z. B.: 5 cm · 4 cm (gefärbt: 5 cm · 1 cm)   b) z. B.: g = 5 cm   h = 8 cm

3. Würfel: a = 4 cm; Quader z. B.: a = 2 cm   b = 4 cm   c = 8 cm

4. a) b) (1) 8 cm^2; $\frac{1}{2}$ = 50 %;   (2) 8 cm^2; $\frac{1}{2}$ = 50 %;   (3) 8 cm^2; $\frac{1}{2}$ = 50 %;   (4) 12 cm^2; $\frac{3}{4}$ = 75 %

   (5) 4 cm^2; $\frac{1}{4}$ = 25 %;   (6) 6 cm^2; $\frac{3}{8}$ = 37,5 %

   c) achsensymmetrisch: (1) (2) (4) (5) (6); punktsymmetrisch: (2) (3)

5. a) rechtwinkliges gleichschenkliges Dreieck mit A = 18 cm^2 b) A = 3 cm^2
   c) 2 der 6 Dreiecke von b) färben

6. a) 437 500   b) 1 312 500   c) 32,8125 Mio.   d) 135 000

7. a) Höhe: 37,5 cm   A = 1 875 cm^2 b) d ≈ 63 cm   c) A = 4 218,75 cm^2; um 125 % größer

Seite 40

1. a) –   b) (7|0), (5|3), (8|5)

2. Die Teilwinkel sind jeweils 40° groß.

3. a) –   b) Der Bahnhof ist von den beiden Orten ca. 32 km entfernt.

4. a) A = 16,52 cm^2, u = 18,6 cm   b) A = 39,2 cm^2, u = 29,4 cm   c) A = 46,2 cm^2, u = 28,6 cm

5. a) $A_{Rechteck}$ = 15 cm^2, A_{Figur} = 14 cm^2 b) $A_{Rechteck}$ = 18 cm^2, A_{Figur} = 15 cm^2

6. a) –   b) A ≈ 15,4 cm, u = 19,2 cm

7. a) A ≈ 201 cm^2, u ≈ 50 cm   b) A ≈ 113 cm^2, u ≈ 38 cm   c) A ≈ 154 cm^2, u ≈ 44 cm
   d) A ≈ 254 cm^2, u ≈ 57 cm   e) A ≈ 1 900 cm^2, u ≈ 154 cm   f) A ≈ 951 cm^2, u ≈ 109 cm

8. Das Fahrrad legt ca. 42,7 m zurück.

Seite 41

1. a) 0,78 m; $\frac{79}{100}$ m;   80 cm;   0,85 m;   1,25 m;   0,125 km;   1,25 km

b) 3,5 m² → 10,5 dm²;   7,9 dm² → 23,7 cm²;   45 dm² → 135 cm²;   0,135 m² → 0,405 dm²;
45 cm² → 135 mm²;   0,35 m² → 1,05 dm²;   1,25 m² → 3,75 dm²;   0,49 m² → 1,47 dm²

2. a) z. B.: 800 m × 100 m oder 200 m × 400 m ...
b) Er nimmt 3 600 € ein.
c) Der Ertrag war 36 t Weizen.

3. Kreis 1: r = 1,5 cm;   A = 7,07 cm²;   u = 9,42 cm;   d = 3 cm
Kreis 2: r = 1 cm;   A = 3,14 cm²;   u = 6,28 cm;   d = 2 cm

4. a) (1) u = 12,6 cm;   (2) u = 25,1 cm
b) (3) A = 3,4 cm²;   (4) A = 6,6 cm²

5. a) 3 000 €
b) 1 500 Besucher
c) 33,3 %; $\frac{1}{6}$
d) Winkel: Schüler(innen) 120°; Ehemalige 60°; Eltern 150°; weitere Gäste 30°

6. a) 9 W   b) 1 €   c) 5 W

Seite 58

1. a) 52,2 kg   b) 1,02 m   c) 222,78 €

2. 8,5 %

3. 154,35 €

4. a) 2 450 Personen
b) 16 % Mädchen, 18 % Jungen; 28 % Frauen, 38 % Männer
c) 47,1 % Mädchen
d) Hier ist die Zeichnung nicht dargestellt.

5. 450 Personen

6. a) 9,1 %   b) 28,755 kg   c) 13,2 km   d) 21,6 *l*   e) 68,0 %   f) 44,12 €

7. 296,96 €

8. Rechnungsbetrag: 1 650 €;
zu zahlender Betrag: 1 600,50 €

9. 77,36 € Endpreis

10. a) 36 €; 20,40 €; 66 €; 168 €; 95,20 €; 308 €
b) 268,80 €; 67,20 €;

11. 240 €

12. 183,75 €

Seite 59

1. a) falsch: 5 350 Einwohner mehr
b) richtig
c) falsch: mehr als die Hälfte
d) falsch: 11 622 weniger
e) richtig (rd. 39 700)

2. a) x = 0,4 cm, u = 18,6 cm   b) A = 9,54 cm²   c) 73,6 %

3. a) 46,08 cm² (23,04 cm²); 50 %   b) 25,56 cm² (6,12 cm²); 23,9 %   c) 22,68 cm² (5,67 cm²); 25 %

4. A = 23,66 m · 10,92 m = 258,3672 m² ≈ 258,37 m²

5. a) 2 655 cm³   b) 41 % (Männer: 46 %)   c) 1 845 cm³ (Mann: 2 300 cm³)

6. a) 2 442,6 cm³   b) 2 484 cm³   c) 212,4 cm³ (Mann: 216 cm³)

Seite 80
1. a) 15,00 €; 30,00 €   b) 4; 10;   c) 109,80 €; 366,00 €   d) 900 g; 3 000 g
2. Z: 9,70 €; T: 5,30 €; E: 5,92 €; H: 4,95 €; G: 6,20 €; K: 7,10 €
3. 2,55 €
4. a) 3,90   b) 6,30   c) 6   d) 25
5. a) 20 €; 40 €; 80 €; 120 €; 50 €   c) 60 €; 200 €; 260 €; 400 €; 130 €
   b) ja, doppelte Länge → doppelter Preis, ...   d) 5 m; 6,25 m; 0,88 m; 3,15 m
6. a) Hier ist die Zeichnung nicht dargestellt.   b) 7,50 €; 12 €; 18 €; 27 €   c) 3 m; 5 m; 9 m
7. a) 378 €   b) 708 € (nicht doppelt so hoch)
8. 76,50 €
9. 107 €

Seite 81
1. a) 9   b) 9   c) 1,2   d) 1,17   e) 0,45   f) 0,7   g) 0,3   h) 0,9   i) $\frac{3}{8}$ k) $1\frac{1}{8}$
2. a) 20 = 8 · 2,5   b) 10 = 125 · 0,08   c) 30 = 7,5 : 0,25   d) 0,8 = 76,8 : 96   e) 500 g = $\frac{1}{6}$ von 3 000 g
   f) 0,4 kg = $\frac{1}{32}$ von 12,8 kg
3. a) 3 Stunden 50 Minuten   b) 46 Minuten (bezogen auf 5 Hausaufgabentage pro Woche)
4. a) 90 Personen, das sind 75 %   b) 67 %
5. a) –   b) A = 24 cm²   c) a = 5 cm; u = 20 cm   d) nein (4facher Flächeninhalt); ja (u = 40 cm)
6. a) 500 m   b) ja (8,33 m)
7. a) 2,5 km   b) 3 min   c) 70 Unfälle

Seite 96
1. –
2.
3. a)   b)   c)   d)
4. a)   b)   c)   d)
5. a) O = 224,1 cm²;   V = 218,7 cm³
   b) O = 133,95 cm²;   V = 72 cm³
   c) O = 776 cm²;   V = 1 344 cm³
   d) O ≈ 144,69 cm²;   V ≈ 130,22 cm³
6. O ≈ 317 cm²;   V ≈ 382 cm³
7. k = 1,5 cm
8. –

Seite 97

1. $u = 115$ m; $A \approx 600$ m^2

2. a) $A_{Quadrat} = 36$ cm^2; $A_{Kreis} = 28,3$ cm^2; $u_{Quadrat} = 24$ cm; $u_{Kreis} = 18,8$ cm
   b) ca. 78,5 %
   c) um ca. 27,5 %

3. a) Für den Kreis und das Quadrat gibt es nur eine Möglichkeit.
   b) –

4. a) $V = 591$ mm^3
   b) 6,9 g
   c) 1 930 m

5. a)

Kantenlänge (cm)	Länge aller Kanten (cm)	O (cm^2)	V (cm^3)	d (cm)
1	12	6	1	1,7
2	24	24	8	3,5
3	36	54	27	5,2
4	48	96	64	6,9
5	60	150	125	8,7

b)

c) Proportional: Kantenlänge → Länge aller Kanten,
   Kantenlänge → Länge der Raumdiagonalen

6. a) Quadrate: 4 cm^2 und 25 cm^2;
   Kreise: 3,14 cm^2; 19,625 cm^2;
   b) 78,5 %

7. a) $V = 251$ cm^3
   b) $V = 628$ cm^3
   c) $V = 2512$ cm^3 Das Volumen des unter c) entstehenden Drehkörpers ist am größten.

Seite 106

1. a) –49   –7,2   b) 52,3   –13,8   c) –9,7   –7,6   d) 7,93   –15,35

2. a) 3,75   –3,55   –4,25;   4,25   –3,05   –3,75;   4,75   –2,55   –3,25
   b) –4,4   –5,3   0,75;   –2,4   –3,3   2,75;   –0,4   –1,3   4,75

3. neuer Kontostand: –170,59 € (Schulden)

4. neuer Kontostand: 1 943 € Guthaben

5. voriger Kontostand: 540,06 € Guthaben

6. a) –30;   13,75;   19,5;   46,8;   –21,45;   –30,42;   –74,4;   34,1;   48,36
   b) –20;   4;   2;   –10;   2;   1;   5;   –1;   –0,5

7. a) –16;   –26   b) 7,5;   2   c) –2;   12,5

8. a) –5;   –3   b) –8;   6   c) –6,25;   –0,3

9. a) –7,4   b) –24,51

10. 2,3

11. –126,6

12. 25,3

13. a) nein
   b) z. B.: Wie viel Euro Schulden hat Olga noch? Antwort: 4,42 €.

14. –35,73 € (Schulden)

15. a) Alexander hat zweimal 37,38 € eingezahlt.
   b) Ina hat zweimal 45,22 € abgehoben.

Seite 107

1. a) z. B.: $60 = 2 \cdot 3 \cdot 10$

   b) z. B.: $-48 = -24 \cdot \frac{1}{2} \cdot 4$

   c) z. B.: $-12 = 0,5 \cdot 12 \cdot (-2)$

   d) z. B.: 1 Mio. $= (-1) \cdot (-2) \cdot \frac{1}{2}$ Mio.

   e) z. B.: $3,6 = 7,2 \cdot (-1) \cdot (-\frac{1}{2})$

   f) z. B.: $\frac{1}{8} = \frac{1}{2} \cdot \frac{1}{16} \cdot 4$

   g) z. B.: $\frac{1}{12} = \frac{1}{2} \cdot \frac{1}{2} \cdot \frac{1}{3}$

   h) z. B.: $\frac{8}{27} = \frac{2}{3} \cdot \frac{2}{3} \cdot \frac{2}{3}$

   i) z. B.: $1 = \frac{1}{4} \cdot 2 \cdot 2$

2. a) 4 $\frac{1}{4}$ 9 $\frac{1}{9}$ 16 $\frac{1}{16}$ **25** $\frac{1}{25}$ **36** ...

   b) 0,01 0,04 0,09 0,16 **0,25 0,36 0,49**

   c) 0,8 (−0,4) 0,2 (−0,1) **0,05 (−0,025) 0,00125**

3. 2. Reihe: −3; 5; −7; 9; −11; 13; −15; 17; −19; 21; −23; 25; −27; 29; −31   3. Reihe: 2; −2; 2; −2, ...

4. a) Montag und Sonntag (jeweils 6° Schwankung)

   b) −1 °C

   c) z. B.: −3 °C −2 °C 2 °C 1 °C 0 °C 1 °C 1 °C
      oder −4 °C 2 °C 0 °C 3 °C −1 °C 0 °C 0 °C

5. a) 16. Tag: −24 cm; 25 cm; 18. Tag: −25 cm; 40 cm; 20. Tag: −27 cm; 61 cm

   b) 6. Tag   c) 19 Tage   d) am 13. Tag

6. a) 88 cm   b) am 10. Tag; am 18. Tag   c) nein, in doppelter Zeit kein doppeltes Wachstum

Seite 120

1. a) $4x + 7$ b) $9x + 15$ c) $5a + 15$ d) $4a + 11$
   $3x + 17$ $11x + 7$ $8a + 12$ $4a + 23$

2. a) $8x + 12$ b) $2x + 3$ c) $4a - 3b$

3. das Doppelte von x: $2x$ $2 \cdot x$ $x + x$ $4 \cdot \frac{1}{2}x$ $3x - x$
   2 größer als x: $2 + x$ $x + 2$ $1 + x + 1$

4. a) $x = 4$ b) $x = 7$ c) $x = 3$ d) $x = 1$
   $x = 0,5$ $x = 21$ $x = 4$ $x = 2$

5. a) $x = 2$ b) $x = -2$ c) $x = 1,5$
   $x = 3$ $x = 2$ $x = 1,5$
   $x = 2$ $x = -2$ $x = -2$

6. a) $x = 6$ b) $x = 9$ c) $x = 4$

7. a) Die Zahl ist 14.   b) Die Zahl ist 14.

8. Gleichung: $360 - 3x = 400 - 7x$; $x = 10$ Die Stücke sind 10 cm lang.

9. a) $b = 6$ cm   b) $c = 3,5$ cm   c) $g = 6$ cm   d) $b = 19$ cm

10. 15 cm

11. Die Seiten sind 20 m bzw. 25 m lang.

12. a) $h = 42$ cm   b) $h = 54$ cm   c) $h = 18$ cm   d) $h = 9$ cm   e) $h = 84$ cm   f) $h = 36$ cm

Seite 121

1. a) $0,7 \cdot 1,5 = 1,05$; $1,5 \cdot 1\frac{1}{2} = 2,25$; $1\frac{1}{4} \cdot 1\frac{1}{4} = 1\frac{9}{16}$; $\frac{2}{3} \cdot 0,6 = \frac{2}{5}$; $2\frac{1}{4} \cdot 2\frac{2}{5} = 5\frac{2}{5}$

   b) $1,5 : 0,5 = 3$; $2\frac{1}{2} : \frac{1}{8} = 20$; $1,8 : \frac{3}{8} = 4\frac{4}{5}$; $\frac{2}{5} : \frac{1}{25} = 10$; $\frac{4}{15} : 0,3 = \frac{8}{9}$

2. a) z. B.: $-4 + 1 = -3$ $[-2 - 0,5 = -2,5]$

   b) −8 [−2]; 6 [1,5]; −10 [−2,5]; −6 [−1,5]; 1 [0,25]; −4 [−1]; 2 [0,5]; −12 [−3]; 4 [1]; −1 [−$\frac{1}{4}$]; 8 [2]; −2 [−0,5]
      Zwischen −3 und 3 liegen:
      [−2] [1,5] [−2,5] [−1,5] 1 [0,25] [−1] 2 [0,5] [1] [−1] [−$\frac{1}{4}$] [2] [−2] [−0,5]

3. −

4. a)

Grundseite	1 cm	2 cm	3 cm	4 cm	5 cm	6 cm	7 cm	8 cm	9 cm	10 cm
Flächeninhalt A	2,5 m^2	5 cm^2	7,5 cm^2	10 cm^2	12,5 m^2	15 cm^2	17,5 cm^2	20 cm^2	22,5 cm^2	25 cm^2

b) Die Zuordnung ist proportional. Begründung z. B.: Es herrscht Quotientengleichheit.

c) g = 16 cm

5. a) A ≈ 624 cm^2

b) r ≈ 3,34 cm   bzw.   r ≈ 4,73 cm

c) V ≈ 1 040 cm^3 bzw.   V ≈ 1 470 cm^3

d) A ≈ 310 cm^2;   r ≈ 2,36 cm bzw. r ≈ 3,34 cm;   V ≈ 370 cm^3 bzw. V ≈ 520 cm^3

Der Flächeninhalt des DIN-A4-Blattes ist doppelt so groß wie der des DIN-A5-Blattes.

Der kleinere Radius beim DIN-A4-Blatt ist der größere beim DIN-A5-Blatt.

Der größere Radius beim DIN-A4-Blatt ist doppelt so groß wie der kleinere beim DIN-A5-Blatt.

Das kleinere Volumen beim DIN-A4-Blatt ist doppelt so groß wie das größere beim DIN-A5-Blatt.

Das größere Volumen beim DIN-A4-Blatt ist viermal so groß wie das kleinere beim DIN-A5-Blatt.

6. a) spiegelsymmetrisch: (1) (2) (5) (6); drehsymmetrisch: (1) (4) (5) (6)

b) Breite 4 cm, Länge 8 cm   c) (1) 32 cm^2; (2) 16 cm^2; (3) 24 cm^2; (4) 16 cm^2; (5) 16 cm^2; (6) 8 cm^2

7. a) Hier ist die Zeichnung nicht dargestellt.

b) Anordnung muss die Masse (der Papp-Fläche) der hergestellten Körper berücksichtigen.

Seite 122 und 123

1. a) 19,45   b) 27,16   c) 406,62   d) 790   e) 4

2. $5\frac{1}{3} = \frac{16}{3} = 5,33...$ $2\frac{4}{5} = \frac{14}{5} = 2,8$ $4\frac{2}{3} = \frac{14}{3} = 4,66...$ $3\frac{2}{10} = \frac{16}{5} = 3,2$

3. a) $\frac{3}{5}$ $\frac{5}{8}$ 0,705 $\frac{3}{4}$ b) $-2\frac{1}{3}$ $-1,5$ $-\frac{2}{3}$ 1,5   2,3

4. a) $\frac{6}{8} = \frac{3}{4}$ $\frac{3}{12} = \frac{1}{4}$ b) 1 $\frac{1}{2}$ $\frac{3}{16}$

5. Gerundet   a ≈ 2 Mio.   b ≈ 3 Mio.   c ≈ –5 Mio.   d ≈ 10 Mio.   e ≈ –1 Mio.   f ≈ 5 Mio.

6. a) 12 mm   0,1 m   12 cm   0,01 km   b) 5 mm^2 $\frac{1}{2}$ cm^2 $\frac{1}{100}$ m^2 c) 50 g   0,005 t   50 kg

7. a) 2 350 m   b) 150 min   c) 3 000 cm^3 d) 500 l

8. a) 11   b) –7   c) 8

9. $\frac{a}{2}$ $0,5 \cdot a$ $\frac{1}{2}a$ $\frac{1}{2} \cdot a$

10. $\alpha = 50°$ $\beta = 30°$ $\gamma = 100°$

11. Der Tank fasst 4 400 l.

12. a) 465,75 €   b) 5,8 %

13. P (8|12)

14. Ca. 16 DIN-A4-Blätter haben den Flächeninhalt 1 m^2.

15. 1 705,20 €

16. a) 6 840 m^2 b) Exakte Breite: 76 m   c) exakt: 332 m; Breite 80 m → u = 340 m

17. a) Es wurden 126 cm^3 (ganzzahlig gerundet) ausgebohrt.

b) Masse des Werkstücks: 69,2 kg.

18. Joachim ist 12 Jahre, seine Mutter ist 36 Jahre alt.

19. a) Näherung Zylinder mit d = 12 m, k = 75 m ergibt V ≈ 8 500 m^3. Die Angabe kann stimmen.

b) Nein, es fehlen Angaben über die Reichweite, notwendige Pausen, Windeinflüsse.

c) –

20. a) Die Quadratseiten werden in 3 gleiche Teile zerlegt ...

b) 3,11 m^2

c) Kreisfläche (A$_0$ = 3,14 m^2) ist ca. 1 % größer als die Achteckfläche.

d) $u_{Achteck} \approx 4 \cdot \frac{2}{3}$ m + 4 · ($\frac{2}{3}$ · 1,4) m = 6,4 m, Kreisumfang: $u_{Kreis} \approx$ 6,28 m. Der Unterschied beträgt ca. 12 cm oder 2 % des Kreisumfangs.

Zeichen und Grundrechenarten

Addieren	3 + 5 = 8 Summand + Summand = Summe	Subtrahieren	8 − 5 = 3 1. Zahl − 2. Zahl = Differenz
Multiplizieren	6 · 7 = 42 Faktor · Faktor = Produkt	Dividieren	42 : 7 = 6 1. Zahl : 2. Zahl = Quotient
=	(ist) gleich 5 + 3 = 6 + 2	<	kleiner als 3 · 0 < 3
≈	ungefähr gleich 2,345 ≈ 2,35	>	größer als 7 : 2 > 3

Rechenregeln

Rechenart	Beispiel	Merke
Addition	4 + 17 = 17 + 4	Summanden darf man vertauschen.
Multiplikation	7 · 8 = 8 · 7 2 + 3 · 4 = 2 + 12 6 − 8 : 2 = 6 − 4	Faktoren darf man vertauschen. Punktrechnung vor Strichrechnung.
Klammerrechnen	5 · (4 − 1) = 5 · 3	Zuerst den Klammerwert berechnen.

Zahlen lesen und schreiben

Mrd.	Mio.	T	H Z E	z h t	schreiben	lesen
		1	2 3 0		1 230	eintausendzweihundertdreißig
		5 6 0	0 0 0		560 000	fünfhundertsechzigtausend
	2 7	0 0 0	0 0 0		27 000 000	siebenundzwanzig Millionen
2	0 1 1	0 0 0	0 0 0		2 011 000 000	zwei Milliarden elf Millionen
			1 2	5	12,5	zwölf Komma fünf
			3	0 4	3,04	drei Komma null vier
			0	6 0 7	0,607	null Komma sechs null sieben

Runden

Regel:	Abrunden, wenn die nächste Ziffer 0, 1, 2, 3 oder 4 ist. Aufrunden, wenn die nächste Ziffer 5, 6, 7, 8 oder 9 ist.
Beispiele:	13,45 m gerundet auf Meter sind 13 m 27,54 € gerundet auf Euro sind 28 € 1,234 m gerundet auf Zentimeter sind 123 cm oder 1,23 m 1,235 gerundet auf 2 Stellen nach dem Komma ist 1,24 1,2951 gerundet auf 2 Stellen nach dem Komma ist 1,30

Multiplizieren mit 10 und Dividieren durch 10

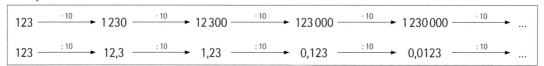

Schriftliches Rechnen

Addition	Aufgabe:	$109{,}20 + 31{,}95 + 0{,}95$	Subtraktion	Aufgabe:	$290 - 48 - 31 - 18$

Addition — Aufgabe: $109{,}20 + 31{,}95 + 0{,}95$
Überschlag: $110 \quad + 30 \quad + 0 = 140$
Rechnung:
$$\begin{array}{r} 109{,}20 \\ + 31{,}95 \\ + 0{,}95 \\ \hline \scriptstyle 1\,2\,\cdot 1 \\ \hline 142{,}10 \end{array}$$

Subtraktion — Aufgabe: $290 - 48 - 31 - 18$
Überschlag: $300 - (50 + 30 + 20) = 200$
Rechnung:
$$\begin{array}{r} 48 \\ + 31 \\ + 18 \\ \hline \scriptstyle 1 \\ \hline 97 \end{array} \qquad \begin{array}{r} \scriptstyle 1\ 8 \\ 2\!\!\!/9 0 \\ - 97 \\ \hline 193 \end{array}$$

Multiplikation — Aufgabe: $21{,}45 \cdot 7{,}4$
Überschlag: $20 \quad \cdot 7 = 140$
Rechnung:
$$\begin{array}{r} 21{,}45 \cdot 7{,}4 \\ \hline 150\ 15 \\ 8\ 580 \\ \scriptstyle 1 \\ \hline 158{,}730 \end{array}$$

Division — Aufgabe: $11{,}25 : 2{,}5$
Überschlag: $10 \quad : 2 = 5$
Rechnung: $112{,}5 : 25 = 4{,}5$
$$\begin{array}{r} \underline{100} \\ 12\ 5 \\ \underline{12\ 5} \\ 0 \end{array}$$
Probe: $4{,}5 \cdot 2{,}5$
$\quad\quad\quad\quad 11{,}25$

Das Ergebnis hat so viele Stellen hinter dem Komma wie die Zahlen zusammen.

Verschiebe das Komma in beiden Zahlen so weit nach rechts, bis die zweite Zahl eine natürliche Zahl ist.

Brüche

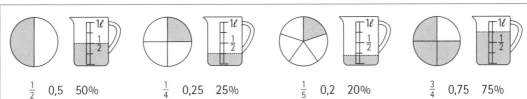

$\frac{1}{2}$ 0,5   50% $\frac{1}{4}$ 0,25   25% $\frac{1}{5}$ 0,2   20% $\frac{3}{4}$ 0,75   75%

Erweitern: $\quad \frac{2}{5} = \frac{2 \cdot 3}{5 \cdot 3} = \frac{6}{15}$ $\qquad\qquad 0{,}3 = \frac{3}{10} = \frac{3 \cdot 10}{10 \cdot 10} = \frac{30}{100} = 0{,}30$

Kürzen: $\quad \frac{8}{12} = \frac{8 : 4}{12 : 4} = \frac{2}{3}$ $\qquad\qquad 0{,}60 = \frac{60}{100} = \frac{60 : 10}{100 : 10} = \frac{6}{10} = 0{,}6$

Vergleichen bei gleichen Nennern: $\quad \frac{2}{5} < \frac{3}{5}$ $\qquad$ Zähler vergleichen.

Vergleichen bei gleichen Zählern: $\quad \frac{3}{4} > \frac{3}{5}$ $\qquad$ Nenner vergleichen.

Vergleichen bei verschiedenen Zählern und Nennern: $\quad \frac{3}{4} \; \blacksquare \; \frac{5}{6}$ $\qquad$ Zuerst gleichnamig machen.
$\frac{3}{4} = \frac{9}{12}, \; \frac{5}{6} = \frac{10}{12},$ also $\frac{3}{4} < \frac{5}{6}$

Vergleichen bei Dezimalbrüchen: $\quad 0{,}49 < 0{,}63$ $\qquad$ Ziffern schrittweise vergleichen.
$\quad\quad\quad\quad\quad\quad\quad\quad\quad\quad 0{,}6 \; > 0{,}53$

Addieren: $\quad \frac{1}{5} + \frac{3}{5} = \frac{1+3}{5} = \frac{4}{5}$ $\qquad \frac{1}{2} + \frac{1}{4} = \frac{2}{4} + \frac{1}{4} = \frac{3}{4}$ $\qquad \frac{3}{4} + \frac{1}{3} = \frac{9}{12} + \frac{4}{12} = \frac{13}{12} = 1\frac{1}{12}$

Subtrahieren: $\quad \frac{3}{5} - \frac{1}{5} = \frac{3-1}{5} = \frac{2}{5}$ $\qquad 1 - \frac{3}{8} = \frac{8}{8} - \frac{3}{8} = \frac{5}{8}$ $\qquad \frac{3}{4} - \frac{2}{3} = \frac{9}{12} - \frac{8}{12} = \frac{1}{12}$

Multiplizieren: $\quad 3 \cdot \frac{2}{7} = \frac{3 \cdot 2}{7} = \frac{6}{7}$ $\qquad \frac{3}{8}$ von $5 = \frac{3}{8} \cdot 5 = \frac{3 \cdot 5}{8} = \frac{15}{8} = 1\frac{7}{8}$

$\quad\quad\quad\quad\quad\quad \frac{3}{4} \cdot \frac{5}{7} = \frac{3 \cdot 5}{4 \cdot 7} = \frac{15}{28}$ $\qquad$ Regel: Zähler mal Zähler, Nenner mal Nenner.

Dividieren: $\quad \frac{12}{5} : 3 = \frac{12 : 3}{5} = \frac{4}{5}$ $\qquad \frac{7}{10} : 3 = \frac{7}{10} : \frac{3}{1} = \frac{7}{10} \cdot \frac{1}{3} = \frac{7}{30}$

$\quad\quad\quad\quad\quad\quad \frac{2}{5} : \frac{3}{4} = \frac{2}{5} \cdot \frac{4}{3} = \frac{8}{15}$ $\qquad$ Regel: Mit dem Kehrbruch multiplizieren.

Prozentrechnung

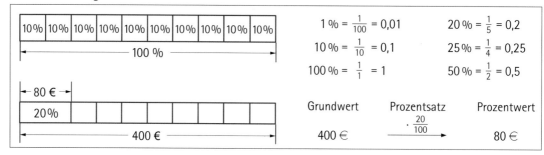

$\frac{1}{2} =$	$\frac{1}{3} \approx$	$\frac{1}{4} =$	$\frac{1}{5} =$	$\frac{1}{6} \approx$	$\frac{1}{7} \approx$	$\frac{1}{8} =$	$\frac{1}{9} \approx$	$\frac{1}{10} =$
50 %	33 %	25 %	20 %	17 %	14 %	12,5 %	11 %	10 %

Promille:	$1‰ = \frac{1}{1000} = 0{,}001 = 0{,}1\%$

Prozentwert gesucht.
Aufgabe: 20 % von 250 € = ▨ €

$$250 \text{ €} \xrightarrow{\cdot\frac{20}{100}} ▨ \text{ €}$$

Rechnung: $250 \cdot 0{,}2 = 50$
Ergebnis: Prozentwert 50 €

100 %	250 €
1 %	2,50 €
20 %	50 €

$$G \cdot \frac{p}{100} = P$$
$$250 \cdot \frac{20}{100} = P$$
$$50 = P$$

Grundwert gesucht.
Aufgabe: 40 % von ▨ kg = 720 kg

$$▨ \text{ kg} \xrightarrow[:\frac{40}{100}]{\cdot\frac{40}{100}} 720 \text{ kg}$$

Rechnung: $720 : 0{,}4 = 1\,800$
Ergebnis: Grundwert 1 800 kg

40 %	720 kg
1 %	18 kg
100 %	1 800 kg

$$G \cdot \frac{p}{100} = P$$
$$G \cdot 0{,}4 = 720 \quad | :0{,}4$$
$$G = 1\,800$$

Prozentsatz gesucht.
Aufgabe: ▨ % von 5 000 km = 400 km

$$5\,000 \text{ km} \xrightarrow{\cdot\frac{▨}{100}} 400 \text{ km}$$

Rechnung: $400 : 5\,000 = 0{,}08$
$0{,}08 = 8\%$
Ergebnis: Prozentsatz 8 %

100 %	5 000 km
1 %	50 km
8 %	400 km

$$G \cdot \frac{p}{100} = P$$
$$5\,000 \cdot \frac{p}{100} = 400$$
$$50 \cdot p = 400 \quad | :50$$
$$p = 8$$

Zuordnungen

Proportionale Zuordnung

Drei Liter Milch kosten 1,80 €.
Der Literpreis ist 0,60 €.
Fünf Liter kosten 3,00 €.

Zum Doppelten gehört
das Doppelte,
zum Dreifachen gehört
das Dreifache,
zur Hälfte gehört
die Hälfte,
zum dritten Teil gehört
ein Drittel, ...

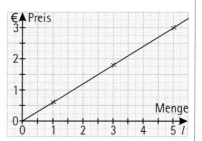

Menge (*l*)	Preis (€)
3	1,80
1	0,60
5	3,00

Die Quotienten sind gleich: $\frac{1,80}{3} = \frac{3,00}{5} = \frac{0,60}{1} = 0,60$

Der Quotient gibt den Preis 0,60 € pro Liter Milch an.

Funktionen

Lineare Funktion

In einem Messgefäß steht Wasser 5 cm hoch. Nun läuft gleichmäßig Wasser dazu. Für die Gesamthöhe des Wasserstandes gilt:

Gesamthöhe = 0,5 · Zeit + 5 (Zeit in s, Gesamthöhe in cm)

Beispiel für 20 Sekunden: 0,5 · 20 + 5 = 15   Gesamthöhe 15 cm

Die Zuordnung Zeit → Gesamthöhe ist ein Beispiel für eine lineare Funktion. Der Graph einer linearen Funktion ist eine Gerade.

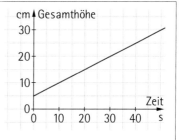

Bezeichnungen

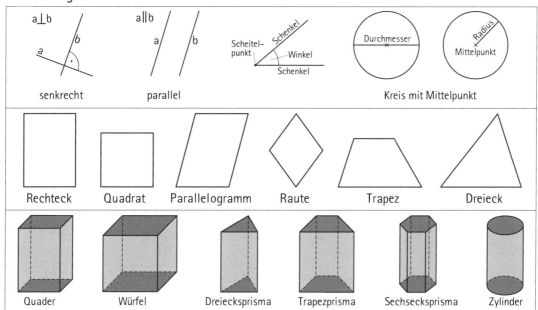

Grundwissen

Berechnungen

Winkelsumme im Dreieck: $\alpha + \beta + \gamma = 180°$

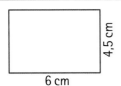

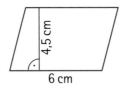

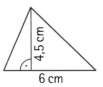

Flächeninhalt
A = Länge · Breite
A = a · b
  6 · 4,5 = 27
A = 27 cm^2

Flächeninhalt
A = Grundseite · Höhe
A = g · h
  6 · 4,5 = 27
A = 27 cm^2

Flächeninhalt
$A = \frac{Grundseite · Höhe}{2}$
$A = \frac{g · h}{2}$
  $\frac{6 · 4,5}{2} = 13,5$
A = 13,5 cm^2

Kreiszahl $\pi \approx 3,14$

Flächeninhalt
A = r^2 · π
  π ≈ 3,14
  4^2 · 3,14 = 50,24
A ≈ 50,24 cm^2

Umfang
u = d · π
u = 2 · r · π
  2 · 4 · 3,14 = 25,12
u ≈ 25,1 cm

Volumen =
Grundfläche · Körperhöhe
V = G · k
  3^2 · π · 5 ≈ 141,3
V ≈ 141,3 cm^3

r = 3 cm
k = 5 cm

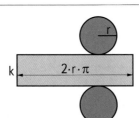

Oberfläche =
2 · Grundfläche + Mantelfläche
O = 2 · G + M
2 · Grundfläche: 2 · 3^2 · π ≈ 56,52
Mantelfläche: 2 · 3 · π · 5 ≈ 94,2
Oberfläche: O ≈ 150,72 cm^2

a = 6 cm
b = 5 cm
c = 7 cm
h = 4,2 cm
k = 8 cm

Volumen eines Prismas = Grundfläche · Körperhöhe
V = G · k

  $\frac{7 · 4,2}{2}$ · 8 = 117,6

  V = 117,6 cm^3

Oberfläche eines Prismas = 2 · Grundfläche + Mantelfläche
O = 2 · G + M

2 · Grundfläche: 2 · 14,7 =   29,4
Mantelfläche: (5 + 7 + 6) · 8 = 144
Oberfläche: O = 173,4 cm^2

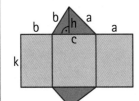

Quader: V = a · b · c;   O = 2 · (a · b + b · c + a · c)   Würfel: V = a^3;   O = 6 · a^2

Maßeinheiten

Längenmaße	1 km = 1 000 m
	1 m = 10 dm = 100 cm = 1 000 mm
	1 dm = 10 cm = 100 mm
	1 cm = 10 mm
	1 mm = 0,1 cm 1 cm = 0,01 m 1 m = 0,001 km

Flächenmaße	$1\ m^2 = 100\ dm^2$ $1\ dm^2 = 100\ cm^2$ $1\ cm^2 = 100\ mm^2$
	$1\ km^2 = 1\,000 \cdot 1\,000\ m^2 = 1\,000\,000\ m^2$

Rauminhalte (Volumen)	$1\ m^3 = 1\,000\ dm^3$ $1\ dm^3 = 1\,000\ cm^3$ $1\ cm^3 = 1\,000\ mm^3$
	$1\ m^3 = 1\,000\ l$ $1\ dm^3 = 1\ l$ $1\ cm^3 = 1\ ml$ 1 hl = 100 l

Gewichte (Massen)	1 t = 1 000 kg	1 kg = 1 000 g	1 g = 1 000 mg	
Zeitmaße	1 Tag = 24 h	1 h = 60 min	1 min = 60 s	1 Jahr = 12 Monate

Zum Schätzen und Veranschaulichen von Größen

1 m	mehr als eine Schrittlänge	Höhe einer Zimmertür	2,10 m
1 cm	Breite eines Fingers	Bleistiftlänge	17 cm
1 mm	Dicke eines Schreibkartons	Durchmesser einer 1-Cent-Münze	16,25 mm
1 km	$2\frac{1}{2}$ Runden um einen Sportplatz	Entfernung Berlin – Bonn	595 km
$1\ cm^2$	Fläche eines kleinen Fingernagels	Fläche einer 1-Cent-Münze	$2,1\ cm^2$
$1\ m^2$	Fläche des Flügels einer Wandtafel	Wohnzimmerfläche	$25\ m^2$
$1\ cm^3$	Volumen eines Spielwürfels	Inhalt einer Kaffeetasse	$125\ cm^3$
$1\ dm^3$	(entspr. 1 l) Milchpackung	Inhalt einer Wasserflasche	0,75 l

Rationale Zahlen

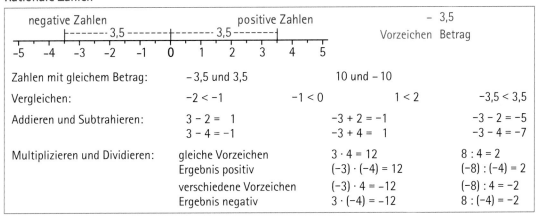

Zahlen mit gleichem Betrag:	− 3,5 und 3,5	10 und − 10	
Vergleichen:	−2 < −1	−1 < 0	1 < 2 −3,5 < 3,5
Addieren und Subtrahieren:	3 − 2 = 1	−3 + 2 = −1	−3 − 2 = −5
	3 − 4 = −1	−3 + 4 = 1	−3 − 4 = −7
Multiplizieren und Dividieren:	gleiche Vorzeichen	3 · 4 = 12	8 : 4 = 2
	Ergebnis positiv	(−3) · (−4) = 12	(−8) : (−4) = 2
	verschiedene Vorzeichen	(−3) · 4 = −12	(−8) : 4 = −2
	Ergebnis negativ	3 · (−4) = −12	8 : (−4) = −2

Stichwortverzeichnis